Haug

Praxis der Biochemie nach Dr. Schüßler

Das Repertorium

Von Thomas Feichtinger und
Mag. pharm. Susana Niedan-Feichtinger

Mit einem Vorwort von
Dr. Peter Laszloffy

2., überarbeitete Auflage

Mit 85 Tabellen

Karl F. Haug Verlag • Stuttgart

Bibliografische Information
Der Deutschen Bibliothek

Die Deutsche Bibliothek verzeichnet diese Publikation in der Deutschen Nationalbibliographie; detaillierte bibliografische Daten sind im Internet über http://dnb.ddb.de abrufbar.

1. Auflage 2000
2. Auflage 2002

Unsere Homepage:
www.haug-verlag.de

Printed in Germany 2002

Umschlaggestaltung:
Thieme Verlagsgruppe
Umschlagfoto aus: Lindemann, G.:
Dr. med. Wilhelm Schüßler.
Sein Leben und Werk. Isensee,
Oldenburg 1992.
Satz: Doppelpunkt, Leonberg
Druck: Kösel, Kempten

ISBN 3-8304-7143-2 1 2 3 4 5 6

Wichtiger Hinweis: Wie jede Wissenschaft ist die Medizin ständigen Entwicklungen unterworfen. Forschung und klinische Erfahrung erweitern unsere Erkenntnisse, insbesondere was Behandlung und medikamentöse Therapie anbelangt. Soweit in diesem Werk eine Dosierung oder eine Applikation erwähnt wird, darf der Leser zwar darauf vertrauen, dass Autoren, Herausgeber und Verlag große Sorgfalt darauf verwandt haben, dass diese Angabe **dem Wissensstand bei Fertigstellung des Werkes** entspricht.

Für Angaben über Dosierungsanweisungen und Applikationsformen kann vom Verlag jedoch keine Gewähr übernommen werden. **Jeder Benutzer ist angehalten,** durch sorgfältige Prüfung der Beipackzettel der verwendeten Präparate und gegebenenfalls nach Konsultation eines Spezialisten festzustellen, ob die dort gegebene Empfehlung für Dosierungen oder die Beachtung von Kontraindikationen gegenüber der Angabe in diesem Buch abweicht. Eine solche Prüfung ist besonders wichtig bei selten verwendeten Präparaten oder solchen, die neu auf den Markt gebracht worden sind. **Jede Dosierung oder Applikation erfolgt auf eigene Gefahr des Benutzers.** Autoren und Verlag appellieren an jeden Benutzer, ihm etwa auffallende Ungenauigkeiten dem Verlag mitzuteilen.

Inhalt

Vorwort

Komplementäre Diagnose und Therapiemethoden erfreuen sich zusehends größerer Beliebtheit unter den Patienten. Ganzheitsmedizin ist in aller Munde. Der Praxisalltag eines Arztes wird in zunehmendem Maße von nichtorganischen Krankheiten einerseits, andererseits von Krankheiten als Ausdruck falscher Ernährungs-, Lebens- und Denkweise beherrscht. Überdies hat sich der Stresspegel, der heute auf uns allen lastet, in den letzten Jahrzehnten genauso erhöht wie die Umweltbelastungen. Daraus ergibt sich die Notwendigkeit eines multikausalen, vernetzten Denkens, um sinnvolle und biologische Therapien durchführen zu können. Dies erfordert den pragmatischen, wachen Geist des Arztes, der eine scheinbare lokale Symptomatik richtig zu deuten weiß und dann therapeutisch einzugreifen vermag.

Einer modernen Medizin, die sich durch apparativen Objektivitätswahn und unglaubliche Verfächerung vom Kern der Krankheiten zunehmend entfremdet, kann auf Dauer aus medizinischen, aber auch aus Kostengründen, alleine kein Erfolg beschieden sein, zudem birgt sie die Gefahr der tiefen, meist nicht eingestandenen Frustration des Arztes, da er gar nicht mehr fähig ist, die Heilkunst auszuüben.

Jede Ergänzung der gängigen Sichtweise der Medizin hat zunächst Ablehnung, Anfeindung und Unverständnis, dann Duldung und zuletzt meist Anerkennung gefunden. Und so gesehen wird es ungewollt zur Aufgabe jeder „neuen“ Sichtweise und Therapie, die Dogmen zu entlarven und manchmal auch zu helfen, einen Paradigmenwechsel herbeizuführen, der in der Physik, als Basisdisziplin der Naturwissenschaft, wie in der Medizin stattfindet.

Das Wesen von Krankheit und Gesundheit kann nicht über den Begriff und die Kenntnis von Rezeptoren, Genen oder Transmittern erklärt werden. Ältere bahnbrechende Konzepte, wie das schon vor 35 Jahren von Prof. Pischinger beschriebene „System der Grundregulation“ und das „Stresskonzept“ von Dr. Hans Selye, erhellen schon viel mehr die komplexen Prozesse, die Gesundheit und Krankheit bedingen, fristen jedoch ein Schattendasein, ja sind vielen Ärzten nicht mehr bekannt. Der Begriff des „Stoffwechselns“ als Überbegriff für vernetzte energetische, humorale und stoffliche Vorgänge fehlt in der heutigen gängigen medizinischen Denkweise als Brücke zum Verständnis des Lebendigen komplett. Dabei wäre eine Behandlung des Stoffwechsels mit dem Ziel der Ausleitung und Entgiftung, aber auch Anregung des Organismus, ein oft kürzerer Weg zur Verbesserung der Gesundheit und zur prophylaktischen Behandlung unter Berücksichtigung der individuellen Konstitution und Lebensgeschichte.

Genau an diesem Punkt setzt die Biochemie nach Dr. Schüßler an: Den biochemischen Stoffwechsel des Körpers als Betriebssystem zu verstehen, das regelrechte Funktionsabläufe im Körper erst ermöglicht. Hierzu sind verschiedene Betriebsstoffe nötig, eben die biochemischen Salze, die durch ihre stoffliche und energetische Information die Zellfunktion wieder herstellen helfen. Und auch bei dieser Therapie wirkt die Substanz, gerade weil sie verdünnt ist und so vom Körper leichter aufgenommen werden kann. Der Spruch des Paracelsus, „die Dosis allein macht das Gift“, findet seine wunderbare Bestätigung. So ist die Biochemie nach Dr. Schüßler gleichzeitig eine Ordnungstherapie und eine echte Substitutionstherapie.

Die „alten“ Ärzte, zu denen Dr. Schüßler gehörte, waren viel mehr als wir heute auf die exakte Beobachtung mittels ihrer fünf Sinne angewiesen. Umso höher muss auch die Entdeckung und nachfolgende Erforschung der biochemischen Salze gewertet werden. Wenn man sich von der Wirksamkeit der biochemischen Funktionsmittel überzeugt hat, wird man als Arzt Dr. Schüßlers Schaffen umso staunender zur Kenntnis nehmen. Es wäre jedoch falsch, nur auf seine Entdeckungen zu bauen. In Anbetracht unserer veränderten Lebenssituation im Vergleich zu Dr. Schüßlers Zeiten ist auch hier eine differenziertere Betrachtung notwendig. Den Autoren ist dies mit diesem Buche in bemerkenswerter Weise gelungen, sodass zu hoffen ist, dass es bei einer großen Leserschaft Verbreitung findet.

Zell am See, April 2002
Dr. Peter Laszloffy

Einleitung

Die Mineralstoffe nach Dr. Schüßler bieten überzeugende Vorteile: Sie sind einfach anwendbar, haben keine Nebenwirkungen, sind für jedes Alter geeignet, stärken den gesamten Organismus, dienen einer lang anhaltenden Gesundheitsvorsorge und können mit jeder anderen Heilweise kombiniert werden. Ihre tiefgreifende Wirkung ist vor allem auch für chronische Erkrankungen von großer Bedeutung.

Mit ihrer Anwendung wird dem Therapeuten eine Möglichkeit zur Verfügung gestellt, die dem heutigen Patienten in seinem Medikamentenüberdruss oder teilweise sogar schon Medikamentenablehnung sehr entgegenkommt, weil er sich nach einer natürlichen Heilweise sehnt. Zumindest sind diese Mineralstoffe bei vielen Beeinträchtigungen der Gesundheit sehr hilfreich und manchmal von überraschender Wirkung.

Nach einer Übersicht über die wichtigsten Fakten zur Therapie werden die einzelnen Mineralstoffe in der kompakten Form von „Steckbriefen" vorgestellt, sodass auf einen Blick die wichtigsten Informationen zur Verfügung stehen.

Vielfach konnte die Anwendung der Biochemie nach Dr. Schüßler nicht den gewünschten Erfolg bringen, da sie einer „Homöopathisierung" (Joachim Broy) unterworfen wurde. Wir haben festgestellt, dass bei einer homöopathischen Dosierung (einige wenige Tabletten am Tag) wohl auch Erfolge möglich sein können, aber eher selten und nur begrenzt. Deutliche Besserung von Leiden und überzeugende Erfolge stellen sich unserer Erfahrung nach erst ein, wenn die Mineralstoffe nach Dr. Schüßler in der Sichtweise einer Substitution empfohlen werden.

Auf der Basis dieser Einstellung haben wir die vielen Einnahmeempfehlungen erstellt, die das Repertorium, den zentralen Teil dieses Buches, zu einer wertvollen Hilfe für die tägliche Arbeit machen. Bei sehr häufigen Beschwerden sind die Einnahmeempfehlungen in Form von Tabellen eingefügt. Sie sollen die praktische Arbeit insofern unterstützen, als dann wieder mehr Zeit für den einzelnen Patienten bleibt.

Wir wünschen dem Therapeuten viel Freude bei der Verwendung des Buches und vor allem viel Erfolg beim Einsatz der Mineralstoffe nach Dr. Schüßler.

Im Sommer 2002
Susana Niedan-Feichtinger
Thomas Feichtinger

1 Was ist Biochemie?

Begriff

Dr. Schüßler verwendete für seine Heilweise den Ausdruck „Biochemie". Auch Kurt Hickethier, einer der bedeutendsten Vertreter dieser Heilweise, wählte für sein Buch im Jahre 1924 noch den Titel „Lehrbuch der Biochemie". Nachdem dieses Wort von der Allgemeinmedizin in Anspruch genommen wurde und heute eine viel umfassendere Bedeutung hat, lässt sich dieser Ausdruck allerdings nicht mehr auf die Heilweise Dr. Schüßlers anwenden.

Heute versteht man in der Wissenschaft unter Biochemie den „Wissenschaftszweig, der sich mit den in lebenden Organismen ablaufenden chem. Vorgängen sowie der Zusammensetzung der Substanzen, die in ihnen vorkommen, einschließl. der Aufklärung ihrer Struktur und Wirkungsweise, beschäftigt"[1].

Obwohl der Begriff Biochemie noch immer von manchen Anwendern für die Heilweise nach Dr. Schüßler ausschließlich verwendet wird, stehen wir ausdrücklich zur Formulierung „Biochemie nach Dr. Schüßler".

Was wird therapiert?

Die Biochemie nach Dr. Wilhelm Heinrich Schüßler beschäftigt sich ausschließlich mit dem Mineralstoffhaushalt im Körper des Menschen und hier speziell mit den Mineralstoffmängeln *innerhalb* der Zellen. Schüßler musste sich in seiner Forschung noch nicht mit industriell veränderter Nahrung auseinandersetzen, heutzutage

1 Aus der *CD Meyers Lexikondienst*.

sind wir jedoch mit zwei Ebenen von Mineralstoffmängeln konfrontiert:

1. Mit Mängeln innerhalb der Zellen.
   Diese können durch u. a. die Mineralstoffe nach Dr. Schüßler ausgeglichen werden.

2. Mit Mängeln außerhalb der Zellen.
   Für diese sind „grobstoffliche Versorgungen" (orthomolekulare Präparate, Elektrolytgetränke u. ä.) ausreichend und werden zur Genüge angeboten. Wer sich einen Mangel an Mineralstoffen durch eine problematische Ernährung zufügt, kann nicht erwarten, dass dieses Defizit durch Mineralstoffe nach Dr. Schüßler ausgeglichen werden könnte. Dazu muss er seine Ernährung umstellen.

3. Werden Mängel außerhalb der Zelle aufgefüllt, ist es meistens sehr hilfreich, die Aufnahme der allopathischen Mineralstoffpräparate durch ein paralleles Auffüllen der Mängel innerhalb der Zellen mit Hilfe der Mineralstoffe nach Dr. Schüßler zu unterstützen.

Wichtige Grundsätze

Die Einflüsse der Forschungen der Wissenschaft in der zweiten Hälfte des 19. Jahrhunderts, nämlich die Erforschung der Zelle des Menschen, sind in Schüßlers Lehre deutlich erkennbar.

Vor allem zwei Wissenschaftler hatten ihm auf seinen Forscherpfaden dabei den Weg gewiesen: der berühmte Zellularpathologe Rudolf Virchow sowie der Niederländer Jacob Moleschott.

„Die Krankheit des Körpers ist gleich der Krankheit der Zelle.“ (Virchow)

„Die Krankheit der Zelle entsteht durch Verlust an anorganischen Salzen (Mineralstoffen).“ (Moleschott)

Zu diesen beiden Lehrsätzen fügte Schüßler als Schlußfolgerungen:
„Dann muss die Gesundheit der Zelle und damit des Körpers entstehen durch Deckung des Verlustes.“ und

„Um Schaden zu verhüten und um die Mittel aufnahmefähig für die Zelle zu machen, müssen dieselben potenziert (verdünnt) werden.“

Als Arzt wusste Schüßler, dass Mineralstoffe, wenn sie in zu hoher Dosierung gegeben werden, für den Organismus eine Belastung darstellen können. (Das wissen wir auch z. B. von den Calcium-, Magnesium- oder Eisenpräparaten. Diese dürfen nicht zu lange genommen werden, denn sonst könnte der Körper überfordert werden, sodass es zu unerwünschten Nebenwirkungen kommt.)
Deshalb ist Schüßlers zweiter Satz so wichtig!

Er lässt die Mineralstoffe so verdünnen, dass sie auch durch die Zellwandöffnungen hindurch können. Der Stoffwechsel der Zelle findet ausschließlich auf molekularer Ebene statt. (Prof. Vincent[2])

1.1 Wirkung der Mineralstoffe

Die *Betriebsstoffe* oder *Funktionsmittel*, wie sie von Schüßler genannt wurden, die den Betrieb der Zelle organisieren, sind von den Baustoffen, wie dem Calcium im Knochenbau, zu unterscheiden.

2 Schleimer, Jochen: *Salze des Lebens.* Sonntag Verlag, Stuttgart 2002

Die Heilweise nach Dr. Schüßler geht davon aus, dass Betriebsstörungen im Körper, die wir gewöhnlich als „Krankheiten“ bezeichnen, durch einen Mangel an Mineralstoffen entstehen.

Konkret lassen sich durch die Schüßler'sche Heilweise ausschließlich solche Krankheiten („Betriebsstörungen“) behandeln, welche als Mangelerscheinungen an einem bestimmten Mineralstoff klassifizierbar sind. Das heißt auch, anders ausgedrückt, welche reversibel sind.

Irreparable Schäden, irreversible Zerstörungen, wie sie z. B. bei der Multiplen Sklerose vorkommen, können damit auf keinen Fall behandelt werden. In diesen Fällen ist ausschließlich eine Unterstützung der allgemeinen Befindlichkeit möglich.

Werden die Mängel aufgefüllt, gehen die Betriebsstörungen zurück. Die Mängel, welche durch diese Heilweise behandelt werden, bestehen, wie schon erwähnt, innerhalb der Zellen. Damit die Mineralstoffe allerdings bis in das Innere der Zellen gelangen können, benötigen sie eine besondere Zubereitung. Deshalb werden sie, wie in der Homöopathie, potenziert, aber zu dem alleinigen Zwecke, dass sie in der Trägersubstanz, dem Milchzucker, in molekularer bzw. vereinzelter Form vorliegen.

Durch die Versorgung der Zelle wird das physiologische Ungleichgewicht, das gestörte Konzentrationsverhältnis zwischen den Mineralstoffen innerhalb und außerhalb der Zellen, beseitigt, und der Mensch wird wieder gesund.

Hinweise

- Die Mineralstoffe nach Dr. Schüßler sind grundsätzlich die gleichen Mittel wie in der

Homöopathie: Die Mineralstoffe werden nach homöopathischer Rezeptur hergestellt, sodass z. B. 1 Tablette Silicea D12 in der Biochemie nach Dr. Schüßler in der Zubereitung identisch ist mit einer Tablette Silicea D12 als homöopathisches Mittel. Der Unterschied liegt in der Dosierung.

- In der Homöopathie werden die Mittel als Reize eingesetzt, in der Biochemie nach Dr. Schüßler zur Substitution. Mit dieser Thematik haben wir uns ausführlich im „Handbuch der Biochemie nach Dr. Schüßler" im Kapitel 7 auseinandergesetzt.

- Damit die Mineralstoffe nach Dr. Schüßler gut aufgenommen werden können, sollte die Mundschleimhaut unbelastet von Nahrungsaufnahme sein. Die Einnahme ist bis zum Essen ungehindert möglich, danach sollte eine Pause von ca. 15 Minuten eingehalten werden.

- Der Genuss von Zigaretten und Kaffee beeinträchtigt die Aufnahme der Mineralstoffe, weil die Schleimhäute im Bereich des Mundes, des Rachens und der Speiseröhre in ihrer Aufnahmefähigkeit irritiert werden.

- Die Mineralstoffe lassen sich auch für Pflanzen und Tiere einsetzten.

- Die Tabletten sollten kühl und trocken aufbewahrt werden und halten auf diese Weise sehr lange (siehe auch Ablaufdatum).

Dazu zwei Beispiele aus der Praxis:

1. Ablagerung von Calcium in Form von Steinen

Ein Beispiel betrifft die Ablagerung von Calcium in Form von Steinen im Körper: Wenn eine starke Übersäuerung eine Neutralisierung notwendig macht, dann geschieht diese häufig über den Calciumhaushalt. Calcium ist im Körper der Mineralstoff mit dem größten Vorrat. Für die Neutralisierung werden allerdings Calciummoleküle aus der Zelle herausgelöst.

Das physiologische Verhältnis der Calciummoleküle innerhalb und außerhalb der Zelle ist gestört. Die Calciumkonzentration außerhalb der Zelle ist zu hoch, überfordert den Körper und kann sich als Ablagerung auch in Form von Steinen auswirken.

Bekommt der durch solche Steine belastete Mensch vom Mineralstoffberater Nr. 2 Calcium phosphoricum empfohlen, dann lässt sich das nur über diesen Zusammenhang verstehen. Der Calciumhaushalt innerhalb der Zellen wird aufgefüllt, wodurch es dem Organismus wieder möglich ist, die Calciummoleküle, die in Steinen abgelagert waren, wieder „in den Griff" zu bekommen, sie in sein Gefüge wieder zu integrieren. Ohne das Erkennen dieses Zusammenhangs wird es jedem Schulmediziner unverständlich bleiben, dass in diesem Fall Nr. 2 Calcium phosphoricum verabreicht wird, und er könnte scharf gegen diese Verabreichung protestieren.

2. Einnahme von Eisenpräparaten

Ein zweites Beispiel zeigt das notwendige Zusammenwirken von Schulmedizin und Biochemie nach Dr. Schüßler: Eisen ist für den Körper relativ schwer aufzunehmen. Oft ist der Eisenspiegel nur während der Einnahme einigermaßen in Ordnung, um nach Beendigung der Kur wieder abzusinken. So war es auch bei der Mutter einer Frau, die sich intensiv mit der Biochemie nach Dr. Schüßler auseinandersetzt.

Die Mutter bekam nach einer Blutuntersuchung ein Eisenpräparat verschrieben, weil der Eisenwert im Blut außerordentlich gering war. Während der Einnahme war der Wert einigermaßen in Ordnung – nach Beendigung der Kur jedoch wie zuvor, denn sie hatte nur den Eisenhaushalt außerhalb der Zelle aufgefüllt. Diesem Eisen stand aber nicht genügend Eisen innerhalb der Zellen gegenüber, sodass das eingenommene Eisen in der Zelle kein physiologisches Gegenüber hatte, um das physiologische Konzentrationsverhältnis an Eisen im Körper wieder herstellen zu können. Der Organismus konnte das Eisen daher nicht „festhalten“ und verlor es wieder.

Als der praktische Arzt ihr eine zweite Packung verschrieb, empfahl ihr ihre Tochter, gleichzeitig Nr. 3 Ferrum phosphoricum einzunehmen, damit der Organismus das Eisen im Körper integrieren könne. Sie nahm jeden Tag 20 Stück Nr. 3 Ferrum phosphoricum parallel zum Eisenpräparat, wodurch der Eisenhaushalt auch innerhalb der Zellen aufgefüllt wurde. Nach der zweiten Kur war der Eisenspiegel innerhalb des Grenzwertes. Als der Arzt ihr eine dritte Packung verschrieb, sagte er: „Aber die Mittel von deiner Tochter, die nimmst du mir dazu!“ Er wusste, dass diese schon lange mit Mineralstoffen nach Dr. Schüßler arbeitete und immer wieder überraschende Erfolge hatte. Nach der dritten Kur war der Eisenwert ideal und blieb es auch. Ein physiologisch richtiges Verhältnis an Eisen innerhalb und außerhalb der Zelle war geschaffen.

1.2 Wie entstehen Mängel?

- Der Mangel an Mineralstoffen beginnt schon im Mutterleib, wenn die Mutter Mängel hat und die entsprechenden Mineralstoffe dem Embryo dann kaum zur Verfügung gestellt werden können.
- Eine häufige Ursache für Mineralstoffmängel liegt auch in mangelhafter, v. a. einseitiger Ernährung. Dazu tragen die einseitige Düngung, die Denaturierung, Isolierung und Konservierung bei. Auch gibt es sehr einseitige Ernährungsweisen, die Mängel verstärken, wenn nicht gar verursachen, wie z. B. bestimmte Diät- und Fastenformen.
- Eine weitere Ursache kann in einer belasteten energetischen Umwelt gefunden werden, besonders am Schlafplatz (Erdstrahlen, Elektrosmog, Strahlen von Spiegeln).
- Eine ganz besondere Belastung des Mineralstoffhaushaltes liegt in der permanenten Vergiftung des Menschen, was in der Häufigkeit von allergischen Reaktionen des Körpers abgelesen werden kann (siehe Homotoxikologie!).
- Nicht zu unterschätzen sind Belastungen im Zahnbereich, denen auf lange Sicht immer nachgegangen werden sollte.
- Wenn die Arbeit überhaupt keine Freude macht (Di-Stress) oder wenn man zu großem Druck ausgesetzt ist (Konkurrenz, Leistung), dann ist der Verschleiß an den wertvollen Mineralstoffen besonders groß.
- Einseitige, v. a. zwanghafte charakterliche Strukturen verschleißen auf Dauer ganz bestimmte Mineralstoffe, worauf in den Steckbriefen kurz hingewiesen wird (⇨ S. 33ff.)

1.3 Der übersäuerte und „verschlackte“ Mensch

Wenn durch die vorgenannten Punkte die Vorräte der Mineralstoffe extrem abnehmen, ist der Organismus nicht mehr in der Lage, die entstehenden Säuren zu neutralisieren und diese mit den Schadstoffen auszuscheiden. Es entsteht eine Übersäuerung und „Verschlackung“ mit entsprechenden Folgen. Diese lässt sich in vier Gruppen zusammenfassen:

1. Entmineralisierung der Körpers
2. Ablagerung von Stoffen
3. Unangenehme Ausscheidung der belastenden Stoffe
4. Schwächung des Immunfeldes

Entmineralisierung des Körpers: Probleme an den Haaren und Nägeln, Bindegewebsschwäche, Zahnkaries, Schädigung der Blutgefäßwandungen wie Krampfadern und Hämorrhoiden, Osteoporose, Altersknochenbrüche, Leistenbrüche, Bandscheibenschäden usw.

Ablagerung von Stoffen, die normalerweise ausgeschieden werden: Alle Belastungsstoffe verbrauchen, wenn sie im Körper mangels vorhandener Entgiftungsstoffe gebunden werden müssen, viele wertvolle Betriebsstoffe, wie bei Rheuma, Arthritis, Gicht und allen Steinablagerungen, Allergien, Hautkrankheiten.

Unangenehme Ausscheidung der belastenden Stoffe: Die Ausscheidung der Säure und der Schadstoffe über die Haut wird begleitet von einem säuerlichen Geruch (Juckreiz, Ekzeme …). Da die Säure nicht ausgeschieden werden kann, stauen sich auch die Schlackenstoffe und finden u. U. den Ausgang in einem offenen Bein.

Schwächung des Immunfeldes: Es entsteht eine Anfälligkeit gegenüber allen Infektionskrankheiten, angefangen von der simplen Erkältung bis zu den verschiedensten schwersten Infektionen.

1.4 Die Blutuntersuchung und ihre Aussagekraft über die Mineralstoffspeicher im Körper

Immer wieder gibt es Patienten, die von ihren hervorragenden Blutwerten sprechen und trotzdem gesundheitliche Probleme haben. Für sie ist es gut, wenn man ihnen für dieses Phänomen eine Erklärung anbieten kann: Um auf diese Frage eine Antwort geben zu können, ist es notwendig, die Arbeitsweise des Organismus genauer anzuschauen: Das Blut wird in der optimalen Zusammensetzung durch die Adern geschickt, damit alle Organe reibungslos arbeiten können.

So braucht v. a. das **Herz** sehr viel Mineralstoffe. Wenn nun im Blut durch eine mangelhafte Versorgung, v. a. durch die Ernährung, der Vorrat der notwendigen Mineralstoffe wie z. B. von Calcium absinkt, muss der Organismus auf seine Speicher zurückgreifen und das Fehlende ergänzen. Das bereitet am Anfang keine Probleme!

Unser Körper ist ein Vorsorgewesen und füllt in Zeiten des Überschusses immer wieder seine Speicher auf. Sie beinhalten die frei verfügbaren Mineralstoffmoleküle, die keine Struktur bzw. kein Gewebe aufbauen. Es gibt z. B. frei verfügbare Calcium-phosphoricum-Moleküle und solche, die an eine kalkbildende Zelle gebunden sind und dadurch einen Knochen aufbauen. Die Speicher werden jedoch nach Möglichkeit nicht bis zur Neige verbraucht. Sie stellen einen bedeutenden Betriebsfaktor für den Organismus dar.

Bevor der Organismus seine Speicher ganz erschöpft, geht er an die Substanz. Im Falle eines Mangels an Calcium phosphoricum geht er an die Knochen und baut sie ab. Beim Mangel an Calcium fluoratum baut er z. B. den Zahnschmelz oder die Aderwandungen ab. Beim Kieselerde- bzw. Silicea-Mangel werden die Haare und die Nägel nicht mehr ordentlich ausgebildet. Bewundernswert ist die Weisheit des Organismus, der den Abbau nach einer ganz bestimmten Reihung vornimmt, je nach der Bedeutung eines Körperteiles oder Organs für den Betrieb des Körpers.

Die Blutzusammensetzung ist also, soweit es für den Organismus auch nur irgendwie möglich ist, immer nach der Versorgung der lebensnotwendigen Organe ausgerichtet. Sie ist immer noch optimal, auch wenn es im Körper schon überall mangelt. **Wenn also der Mineralstoff im Blut fehlt, dann fehlt's schon weit!** So wertvoll die Untersuchung des Blutes ist, es wird nicht nach dem Abbau der Mineralstoffspeicher gefragt. Daher ist es leicht möglich, dass jemand gesundheitliche Probleme hat, obwohl die Werte im Blut völlig normal sind.

1.5 Die Rolle des Therapeuten

Immer mehr Ärzte und Heilpraktiker versuchen, die Patienten auch mit alternativen Möglichkeiten zu begleiten. Dazu ist es notwendig, dass der Therapeut die Biochemie nach Dr. Schüßler, obwohl eine relativ einfache Methode, gründlich erlernt, auch unter Einbeziehung der Antlitzanalyse. Das Interessante an dieser Heilmethode ist ja, die biochemischen Zusammenhänge zu durchschauen und zu begreifen, die den verschiedenen Betriebsstörungen des Körpers zugrunde liegen. Der Therapeut baut dabei ein grundlegendes Verständnis für diese Zusammenhänge auf und ist in weiterer Folge auch im Stande, psychosomatische Zusammenhänge zu erkennen, die als Hintergrund der Erkrankungen und Beschwerden vorliegen.[3]

Grundsätzlich können die Mineralstoffe nach Dr. Schüßler jede andere Heilweise unterstützen und fördern, weshalb sie eine ausgezeichnete Begleitmöglichkeit für jede Therapie sind. Der Patient sollte über diese Heilweise und ihre Möglichkeiten ausreichend informiert werden. Ein empfehlenswertes Buch für die Hand des Patienten wäre dazu das im gleichen Verlag erschienene Buch mit dem Titel: „Gesund durchs Jahr mit Schüßler-Salzen". Mit diesem könnte eine eigenständige und selbstverantwortliche Gesundheitsvorsorge initiiert werden.

Für Familien ist diese Heilweise eine gute Möglichkeit, mit den Alltagsbeschwerden zurechtzukommen. Auf Reisen ist es z. B. sehr empfehlenswert, eine biochemische Reiseapotheke mitzunehmen.

Da besondere charakterliche Strukturen, v. a. wenn sie zwanghaft sind, auf der körperlichen Ebene Mängel verursachen, kann über ihr Erkennen und die entsprechenden vorsichtigen Rückschlüsse eine psychologische/psychotherapeutische Beratung/Behandlung für den Patienten angestrebt werden. Damit wird auch der Forderung nach der Sicht auf den ganzen Menschen in einem besonderen Maße Rechnung getragen.

1.6 Verordnung von Mineralstoffen nach Dr. Schüßler

In der Praxis hat es sich bewährt, ein Formular für die Verordnung zu erstellen. Es ist für den Routinegebrauch gedacht und sollte Platz für sechs Spalten bieten, welche gleichbedeutend für sechs Besuche sind.

3 Bezüglich der Ausbildungsmöglichkeiten wenden Sie sich bitte an die Autoren.

Das Formular könnte in der Praxis mit Durchschlag geschrieben werden und steht zugleich als Patienteninformation und zur eigenen Dokumentation zur Verfügung. Außerdem könnte der Patient mit dieser Verschreibung in der Apotheke eine entsprechende Beratung bezüglich der jeweiligen Menge der zu beschaffenden Mineralstoffe bekommen.

Tabelle 1: Beispiel eines Formulars für die Verordnung der Mineralstoffe.

Mineralstoffe nach Dr. Schüßler

Einnahmeempfehlung für:

Datum						
	Stückzahl pro Tag					
Nr. 1 Calcium fluoratum, D12 Würfelfalten, bräunlich-schwärzlich, blaue Lippen, splitternde/biegsame Nägel						
Nr. 2 Calcium phosphoricum, D6 Wächsern, durchsichtige Zahnspitzen						
Nr. 3 Ferrum phosphoricum, D12 Ferrum-Röte, Schatten: bläulich-schw.						
Nr. 4 Kalium chloratum, D6 Milchig: bläulich, rötlich, Couperose, Besenreiser, Hautgrieß						
Nr. 5 Kalium phosphoricum, D6 Aschgrau, eingefallene Schläfen, Zahnfleischbluten, Mundgeruch, matte Augen (wenig Glanz)						
Nr. 6 Kalium sulfuricum, D6 Bräunlich-gelblich (ocker), Lufthunger, Pigmentflecken						
Nr. 7 Magnesium phosphoricum, D6 Magnesia-Röte (karmesinrot), Verlegenheitsröte (kurzfristig), hektische Flecken (am Hals)						

Fortsetzung Tabelle 1:

Nr. 8 Natrium chloratum, D6 Gelatine-Glanz, große Poren, schmieriger Lidrand, Schlundbrennen, trockene Haut (feuchtigkeitsarm)						
Nr. 9 Natrium phosphoricum, D6 Fett-Glanz, Mitesser, Fettbacken, Säureflecken, Säurefalten (über der Oberlippe – Zitrone), trockene Haut (fettarm), fette/trockene bzw. spröde Haare						
Nr. 10 Natrium sulfuricum, D6 grünlich-gelblich (Kinn), bläulich-rötlich (Nase), geschwollene Tränensäcke, stinkende Winde, verschwollene Augen						
Nr. 11 Silicea, D12 Glasur-Glanz, Lidhöhlen, Falten, Krähenfüße, Lichtempfindlichkeit, gespaltene Haarspitzen (+ Nr. 9), Nägel in Schichten aufgelöst						
Nr. 12 Calcium sulfuricum, D6 alabasterweiß, Gicht, Rheuma, eitrige Probleme (offen)[4]						
Nr. 15 Kalium jodatum, D12 Druck am Hals, ständiges Räuspern						
Nr. 22 Calcium carbonicum, D12 Schlupflider						
Nr. 23 Natrium bicarbonicum, D12 Übersäuerung, saures Aufstoßen						
Nr. 24 Arsenum jodatum, D12 Heuschnupfen, nässende Ekzeme						

4 Geschlossene Eiterherde: Nr. 9 Natrium phosphoricum + Nr. 11 Silicea; offene Eiterungen: Nr. 12 Calcium sulfuricum (z. B. eitrige Angina)

1.7 Mineralstoffe nach Dr. Schüßler – eine Substitutionsheilweise?

Wir unterscheiden drei verschiedene Arten, wie Menschen mit ihren Leiden umgehen:

1. Die *schulmedizinische Heilweise* bekämpft die Krankheit als Feind des Menschen. Dabei gerät der Kranke selbst oft aus dem Blickfeld. In dieser Heilweise wird gefragt: „Welches Mittel muss ich nehmen **gegen …?**" Diese Art der Betrachtung der Krankheit ist dann angebracht, wenn sich der Kranke aus eigener Kraft oder eigenem Vermögen nicht mehr aus seiner misslichen Lage herausarbeiten kann.
2. In der *Reizheilweise* wird versucht, die Selbstheilungskraft so herauszufordern, dass der Organismus von sich aus mit dem Leiden zurechtkommt. Doch um auf einen Reiz antworten zu können, bedarf es gewisser Vorräte an Betriebsstoffen (Speicher). Wenn diese nicht mehr zur Verfügung stehen, kann über diesen Weg keine Besserung mehr erfolgen. Deshalb hat ein homöopathischer Arzt einmal formuliert: „Die Homöopathie will etwas bewegen, aber manchmal lässt sich nichts mehr bewegen."
3. Eine *Substitutionsheilweise* versucht, den Ursachen auf den Grund zu gehen. Das, was fehlt, muss entdeckt werden. Dann kann der Mangel abgestellt werden. Die Biochemie nach Dr. Schüßler will die Mängel innerhalb der Zellen auffüllen, und damit das gesunde Spannungsverhältnis zwischen den Mineralstoffkonzentrationen innerhalb und außerhalb der Zellen wieder herstellen.

Die Heilweise nach Dr. Schüßler käme sofort in Verruf, wollte sie behaupten, dass sie die Mineralstoffmängel im **Körper** auffülle! Das ist selbstverständlich nicht der Fall. Es geht um den Mineralstoffhaushalt innerhalb der **Zellen**. Bei einer so geringen Menge an Substanz, wie sie in D6 oder gar in D12 vorhanden ist, ließen sich nicht einmal die Spurenelemente supplementieren. Allerdings gehen die Berechnungen bei der D12 immerhin auf über 100 Millionen Wirkstoffmoleküle, die in dieser Potenzierung in einer Tablette noch vorhanden sind.

1.8 Abrechnungsmöglichkeiten

Deutschland

Die privatärztliche Leistungserbringung muss nach der Gebührenordnung für Ärzte abgerechnet werden. Welche Ziffern abgerechnet werden können, richtet sich nach der konkreten Leistungserbringung. Evtl. ist eine Analogabrechnung nach § 6 Absatz 2 GOÄ erforderlich.

Österreich

Eigentlich sind die Mineralstoffe nach Dr. Schüßler in Österreich nicht frei verschreibbar im Sinne eines Kassenrezeptes. Bei Verschreibung von niedergelassenen Ärzten als homöopathisches Arzneimittel mit Potenzierungsangabe und entsprechender Diagnose bewilligt der zuständige Chefarzt jedoch unter Umständen die Mineralstoffe nach Dr. Schüßler.

1.9 Handelsformen biochemischer Mittel

Die Mineralstoffe nach Dr. Schüßler werden in verschiedenen Packungsgrößen und verschiedenen Arzneiformen angeboten. Je nachdem, wie der Anwender die Mineralstoffe sieht, wird er auch verordnen.

- Verordnet er in homöopathischer Sichtweise, in der Form einer Reizheilweise, benötigt er nur wenige Tabletten, weshalb Packungen zu 20 g ausreichend sind, denn das sind immerhin 80 Stück.

- Will der Anwender tatsächlich Mängel innerhalb der Zelle auffüllen, also in der Form einer Substitionsheilweise arbeiten, benötigt er die dafür üblichen Handelsformen in 100 g, 250 g, 500 g und 1000 g.

- Außerdem können die Mineralstoffe in Form eines Pulvers bezogen werden.

- Es gibt sie in der Zubereitung in Form von Salben, Gelen und Cremegelen, und

- sie wurden in eine Körperpflegelinie erfolgreich eingearbeitet.[5]

- Was die Anwendung der Mineralstoffe nach Dr. Schüßler als Tropfen betrifft, verweisen wir auf das entsprechende Kapitel im „Handbuch der Biochemie nach Dr. Schüßler“ (S. 377).

1.10 Diagnosemöglichkeiten

Für das Feststellen der Mängel und die daraus zu folgernde Menge der einzunehmenden Mineralstoffe gibt es mehrere Wege, die beschritten werden können.

5 Bezugsquellen für die einzelnen Produkte erfahren Sie von Mag. Susana Niedan-Feichtinger (⇨S. 238).

- Die beste Möglichkeit ist wohl jene, bei der ein erfahrener Therapeut, der auch die Antlitzanalyse[6] beherrscht, zur Verfügung steht. Er wird den Hilfesuchenden so lange begleiten, bis er alleine zurechtkommt.
- Eine weitere Möglichkeit besteht darin, dass an Hand des Repertoriums aufgrund der anstehenden Mangelzeichen die nötigen Mineralstoffe gesucht werden. Die Einnahme ist ohne Gefahr möglich, da die Mineralstoffe keine Nebenwirkungen haben.
- Ein anderer Weg besteht darin, dass die Beschreibung der einzelnen Mineralstoffe gut erarbeitet und von diesem Wissen und Verständnis her der Organismus betrachtet wird. Das Erkennen der einzelnen Mangelerscheinungen und ihrer Ursachen lässt dann auf die Mineralstoffe schließen, die benötigt werden.
- Eine wichtige Möglichkeit, die für die Feststellung des Bedarfes nicht außer Acht gelassen werden sollte, ist die Feststellung von bestimmten Neigungen, Vorlieben bei der Nahrungsaufnahme. Bei besonderen Merkmalen auf diesem Gebiet erschließt sich der einzunehmende Mineralstoff relativ schnell (Verlangen nach).
- Je dringender Mineralstoffe im Körper benötigt werden, umso schneller zergehen sie. Je dringender sie benötigt werden, umso süßer schmecken

6 Die Antlitzanalyse wurde von Kurt Hickethier entwickelt und befähigt den Berater, die Mängel an den Mineralstoffen aus dem Antlitz abzulesen. Dabei werden die Farbe, die Form, die Falten und der Glanz im Antlitz des Menschen berücksichtigt.

sie. Beide Vorgänge können auch zugleich auftreten. Allerdings müssen alle getesteten Mineralstofftabletten vom gleichen Hersteller sein!

- Es gibt noch weitere Möglichkeiten v. a. der Alternativmedizin, die benötigten Mineralstoffe festzustellen, z. B. mit Hilfe der Kinesiologie.

1.10.1 Laktoseintoleranz

- Beim Pendeln ist immer wieder festzustellen, dass die Fragestellung unglücklich gewählt wird. Meistens heißt die Frage, die sich der Pendelkundige stellt: „Was braucht der Mensch, der jetzt bei mir ist, um Hilfe zu bekommen?“ (Kurz formuliert: Was braucht er? Wieviel braucht er?) Die Antwort besteht meistens in der Angabe der verschiedenen Mittel und ihrer Zahl, welche den Status quo, also den gegenwärtigen Zustand zufriedenstellend organisiert. Damit wird der momentane Zustand eher fixiert als verändert.

Die Frage, welche eine lebendige Veränderung des Ratsuchenden im Auge hat, heißt ungefähr so: „Welche Mittel bzw. wie viele Tabletten braucht er, damit eine Veränderung des momentanen Zustandes möglich wird?“ (Damit ein Heilungsprozess in Gang kommt?) Die Antworten sind unter Umständen sehr verschieden im Vergleich zu den oben genannten Fragen, vor allem was die Anzahl der einzunehmenden Tabletten betrifft.

1.10.2 Zungenbelag und Schleimabsonderungen

Für alle Absonderungen, egal ob sie aus der Nase, der Lunge oder den Ohren kommen, gelten die gleichen

Mineralstoffe wie für die Zungenbeläge. Es ist vor allem auch auf die Mischung der einzelnen Farben zu achten.

Tabelle 2: Einnahmeempfehlung bei Zungenbelag und Schleimabsonderungen.

Zungenbelag, Schleim	Nr.
weiß	4
ocker, honiggelb, braun	6
grün-gelblich	10
wässrig, glasklar	8
bei grauem Zusatz im Schleim	5

Der wässrige, glasklare Schleim, der aus der Nase kommt (das „Tröpfchen"), entsteht durch einen Mangel an Natrium chloratum Nr. 8.

1.11 Fragen, die immer wieder auftauchen

Warum muss man die Mineralstoffe nach Dr. Schüßler im Mund zergehen lassen?

Weil die Wirkstoffe über die Mund- und Rachenschleimhaut sowie über die Schleimhaut der Speiseröhre aufgenommen werden. Im Magen ist ihre Wirksamkeit durch die starke Säure des Magensaftes verändert.

Ist eine Gewichtszunahme durch die Einnahme der Mineralstoffe nach Dr. Schüßler möglich?

Es ist möglich, weil alle Gewebe im Körper wieder fester werden. Dadurch nimmt der Mensch wohl an Gewicht, aber nicht an Umfang zu.

Kann durch die Einnahme Durchfall auftreten?

Der Durchfall ist eine Reaktion des Organismus, durch den er einen längst fälligen Abbau von Belastungsstoffen aus dem Körper bewerkstelligt.

Der Milchzucker bewirkt keinen Durchfall, sondern eine weiche Konsistenz des Stuhles.

Entsteht eine Verstopfung?

Bei Verstopfung ist es möglich, dass der Organismus keine Flüssigkeit mehr freigibt, da er sie für den verstärkten Betrieb benötigt, welcher durch die Einnahme der Mineralstoffe nach Dr. Schüßler ermöglicht wird (trinken!).

Bei Verstopfung sollte auch überprüft werden, ob die dafür benötigten oder in Frage kommenden Mineralstoffe auch tatsächlich eingenommen werden.

Kann ich durch die Einnahme Sodbrennen bekommen?

Wenn die Mineralstoffe nach Dr. Schüßler eingenommen werden, dann wird hauptsächlich durch die Nr. 9 Natrium phosphoricum die Säure v. a. im Magen reguliert. Ist jemand durch einen hohen Säurespiegel im Körper belastet, stellt sich der Organismus sofort auf die Entlastung ein und schüttet die überschüssige Säure in den Magen hinein aus. Es entsteht dann das Sodbrennen als Reaktion, jedoch nur solange, wie im Körper ein Säureüberschuss besteht. Nach einigen Tagen verschwindet es wieder.

Verträgt sich die Mineralstofftherapie nach Dr. Schüßler mit Homöopathie?

Die Biochemie nach Dr. Schüßler unterstützt jede Heilweise, weil sie dem Organismus notwendige Betriebsstoffe zur Verfügung stellt.

Verträgt sich die Mineralstofftherapie nach Dr. Schüßler mit Medikamenten?

Auf diese Frage kann dieselbe Antwort wie auf die vorherige Frage gegeben werden. Die Mineralstoffe nach Dr. Schüßler helfen dem Organismus, mit den Inhaltsstoffen der Medikamente gut umgehen zu können, v. a. was deren Ausscheidung nach dem notwendigen Einsatz anbelangt.

Entsteht eine Abhängigkeit?
Bei einem großen Mangel entsteht ein starkes Bedürfnis nach den Mineralstoffen nach Dr. Schüßler, das sich aber mit der Zeit durch das Auffüllen der Speicher verliert.

Was ist geschehen, wenn die Mangelzeichen eines Mineralstoffes besonders stark auftreten?
Wenn ein wichtiger Mineralstoff im Einnahmeplan übersehen wird, „schreit" der Organismus besonders danach. Dabei treten die Erkennungszeichen für diesen Mineralstoff besonders deutlich zu Tage.

Reichen bei einem Mangel die Mineralstoffe nach Dr. Schüßler alleine aus?
Nein! Es muss auch auf eine vollwertige Ernährung geachtet werden.

Warum schmecken die einzelnen Mineralstoffe unterschiedlich und zergehen verschieden rasch?
Je rascher die Mineralstoffe zergehen, umso mehr gehen sie dem Körper ab, umso dringender benötigt er sie. Auch schmecken sie umso süßer, je größer der Bedarf ist. Es ist möglich, dass beide Empfindungen auf einmal auftreten. Zur Beurteilung dieser Beobachtungen müssen die Mineralstoffe natürlich vom gleichen Hersteller sein.

Kann es sein, dass sie auch bitter schmecken?
Wenn bei einem durch Schadstoffe („Schlacken") belasteten Menschen im Mund durch die Nr. 10 Natrium sulfuricum Schlackenstoffe umgebaut werden, sodass sie ausgeschieden werden können, entsteht im Mundraum eine Entlastung an diesen Stoffen, die das „Nachschieben"

von weiteren Schlacken aus dem Körper zur Folge hat, was dann bitter schmeckt. Diese Reaktion tritt nur so lange auf, wie ein großer Überschuss an diesen belastenden Stoffen im Körper besteht.

Beeinträchtigt der Genuss von Kaffee oder Alkohol die Wirkung?

Beides sind Genuss**gifte**, die auf den Stoffwechsel einen großen Einfluss haben. Sie belasten v. a. die Leber und damit auch den Haushalt der Nr. 10 Natrium sulfuricum. Dabei wird v. a. die Ausscheidung von Belastungsstoffen behindert. Auch die Speicher der Nr. 3 Ferrum phosphoricum und Nr. 8 Natrium chloratum werden abgebaut, was eine große Belastung für den Organismus darstellt.

Wie schnell wirken die Mineralstoffe nach Dr. Schüßler?

Die Mineralstoffe nach Dr. Schüßler wirken verschieden schnell, je nachdem, um welches Problem es sich handelt. Um auf diese Frage eine Antwort zu bekommen, kann in den „Steckbriefen" der einzelnen Mineralstoffe nachgelesen werden (⇨ S. 33ff.).

Warum muss man von den einzelnen Mineralstoffen verschieden viel nehmen?

Weil die Mängel verschieden stark sind! Es hätte nicht dieselbe Wirkung, wenn von den einzelnen Mineralstoffen jeweils die gleiche Menge genommen würde! Außer zur Gesundheitsvorsorge.

Wenn die Mineralstoffe aufgelöst werden, muss es dann Wasser sein?

Reines Wasser (wenn möglich Trinkwasser, abgekochtes oder destilliertes Wasser) ist das beste Lösungsmittel für die Mineralstoffe nach Dr. Schüßler überhaupt. Jede andere Flüssigkeit, in der die Mineralstoffe aufgelöst werden, beeinträchtigt die Wirkung.

Kann ein Mineralwasser die Mineralstoffe nach Dr. Schüßler ersetzen?

Mineralwässer sind meistens aus Heilquellen, die für den Ausgleich bestimmter Mängel geeignet sind und damit zur Heilung von bestimmten Krankheiten beitragen. Ist jedoch der Mangel aufgefüllt, besteht kein weiterer Bedarf an so reichhaltiger spezieller Mineralstoffzufuhr. Außerdem füllen Mineralwässer hauptsächlich den Bedarf außerhalb der Zelle auf, die Mineralstoffe nach Dr. Schüßler jedoch den Bedarf innerhalb der Zelle.

Da die Mineralwasser eine so hohe Konzentration an Mineralstoffen haben, sollten sie auch für die Zubereitung von Babynahrung nicht verwendet werden – außer sie sind entsprechend gekennzeichnet. Die Kohlensäure ist für viele Menschen belastend, weshalb es ratsam ist, auf sogenannte „stille" Wässer auszuweichen.

Können auch bei Zuckerkrankheit die Mineralstoffe nach Dr. Schüßler eingenommen werden?

Für Zuckerkranke ist wichtig zu wissen, dass 48 Mineralstofftabletten durch ihren Milchzuckergehalt einer Broteinheit (BE) entsprechen. Allerdings ist es für zuckerkranke Menschen möglich, die Tabletten aufzulösen und so die Milchzuckeraufnahme zu reduzieren. Auf diese Problematik wird im Kapitel über die Einnahme eingegangen (⇨ S. 80).

Was tun bei Laktoseunverträglichkeit?

Es gibt bei Laktoseunverträglichkeit die Möglichkeit, in der Apotheke ein enzymhaltiges Mittel zu kaufen, das die Laktose spaltet und dadurch verträglich macht (z. B. Laluc Kautabletten) oder auf Dilutionen auszuweichen.

Greift der Milchzucker die Zähne an?

Der Milchzucker, die Laktose, ist die verträglichste Zuckerart und wird als leichtes Abführmittel verwendet. Er greift auch bei längerer Einnahme, selbst über Jahre hinweg, die Zähne nicht an.

Warum ist durch eine vollwertige Ernährung nicht möglich, genügend Mineralstoffe aufzunehmen?

Wer sich vollwertig ernährt, hat auf jeden Fall eine bessere Versorgung an Mineralstoffen. Durch die starken Veränderungen im Leben der Menschen (Stress, Hektik, unregelmäßiger Lebenswandel), besonders aber durch zwanghafte charakterliche Strukturen (!) werden Mineralstoffe aus den Zellen verbraucht, die nicht so ohne weiteres aus der Nahrung nachgefüllt werden können.

Außerdem haben unsere Lebensmittel durch mineralstoffverarmte Böden in ihrem Mineralstoffgehalt zum Teil erheblich gelitten.

Warum stellt sich trotz längerer Einnahme kein Erfolg ein?

- Zu niedrige (homöopathische) Dosierung,
- es werden die falschen Mineralstoffe genommen,
- der Schlafplatz muss abgeklärt werden,
- wenn die Probleme auf Ebenen liegen, die durch Mineralstoffe nicht bearbeitet werden können, z. B. Energiehaushalt,
- problematische Ernährung,
- Amalgamfüllungen, durch ständige Vergiftung im Mundraum,
- wenn die zwanghaften Strukturen nicht verändert werden,
- wenn eine zu hohe Belastung (Arbeit, Familie, soziales Umfeld) vorliegt,
- wenn eine schwere Krankheit zu weit fortgeschritten ist.

Geben Mineralstofftabellen Auskunft darüber, welche Lebensmittel die Mineralstoffe nach Dr. Schüßler auffüllen?

Nein! Die Tabellen enthalten ausschließlich Angaben über einzelne Mineralstoffe. Es sind keine Forschungen bekannt, die Auskunft über jene Mineralstoffverbindungen geben, wie sie die Mineralstoffe nach Dr. Schüßler darstellen.

2 Die „Steckbriefe" der 12 Hauptmittel

In den Steckbriefen haben wir die Mineralstoffe nach Dr. Schüßler in kurzer, übersichtlicher Form dargestellt, damit die gesuchte Information schnell zur Verfügung steht.

2.1 Nr. 1 Calcium fluoratum (Flussspat, CaF_2)

Tabelle 3: Nr. 1 Calcium fluoratum.

Empfohlene Potenzierung D12
Biochemischer Zusammenhang – Bildet die Hüllen im Körper und damit den Schutz des Körpers: Hautoberschicht, Knochenhüllen, Aderwände, Zellwand, – zuständig für die Elastizität in allen Geweben, vor allem in den Sehnen und Bändern, – bindet im Körper den Hornstoff (Keratin), – ist überall zuständig, wo eine schützende Schicht gebildet wird – im weitesten Sinne die Hülle.
Zwanghafte charakterliche Struktur, die zu Mängeln bei diesem Mineralstoff führt[7] – Unfähigkeit zur Abgrenzung, – kann keinen Punkt machen, keinen Schlusspunkt, kann schwer Abschied nehmen, – ein verhärteter oder versteifter Standpunkt, – mangelnde Flexibilität, – die übertriebene Sorge um den guten Eindruck beim anderen.

7 Die charakterliche Entsprechung versucht, auf die jeweilige charakterliche Entwicklung hinzuweisen, die mit dem Mineralstoff verknüpft ist. Die verschiedenen Strukturen im Menschen verbrauchen auf der körperlichen Ebene ihnen entsprechende Mineralstoffe. Je weiter sich jemand aus den einschränkenden, gefangen nehmenden Strukturen befreien kann und damit freiere, das Leben förderliche Strukturen und Handlungsmodelle entwickelt, umso weniger wird er dann von dem entsprechenden Mineralstoff übermäßig verbrauchen und umso weniger wird er in Zukunft einnehmen müssen.

Fortsetzung Tabelle 3: Nr. 1 Calcium fluoratum.

Zunehmende Distanzierungsfähigkeit von den Zwängen
Eine Lockerung geht von der Beharrung (Versteifung) auf einen Standpunkt zur Bewegungsfähigkeit (Flexibilität), d.h. beispielsweise verschiedene Standpunkte einnehmen zu können. Unangemessene Standpunkte sollten in Richtung einer weniger angstvollen Einschätzung des Lebens verlassen werden. Ein Ereignis beenden bzw. abschließen lernen, um auf neue Situationen zugehen zu können (Eine Tür zuschließen können). Allmähliche Abwendung von der Angst „Wie steh‘ ich vor dem anderen da?“ zum Vertrauen, dass man angenommen ist.
Vom Menschen ist nicht nur die Oberfläche von Bedeutung!

Die befreiende Einstellung zu diesem Mineralstoff heißt: „Ich darf grundsätzlich davon ausgehen, dass mir der andere wohlgesinnt ist!“ (Sollte es ausnahmsweise nicht der Fall sein, habe ich die Fähigkeit, das zu spüren.)

Emotionaler Zusammenhang
Ein größerer Mangel ist von unbegründeter Furcht und Ängstlichkeit gekennzeichnet.

Zeichen im Gesicht
Karofalten, Fächerfalten, Würfelfalten, bräunlich-schwärzliche Farbe auf dem Ober- und/oder Unterlid

Speicher im Körper
Knochen, Zahnschmelz, Sehnen, Haut, Nägel

Wirkung, Wirkungsweise
- Langsam bei der inneren Anwendung – wirkt umstimmend (monate- bis jahrelang).
- Überraschend schnell bei der äußeren Anwendung als Gel oder Cremegel.

Betriebsstörung, Krankheit, Symptom
Verhärtete Sehnen (z. B. eingezogene Finger), durchsichtige Zahnspitzen, Schwielen, Schrunden, Hornstoffaustritt (besonders an den Fersen), Hornhaut, Risse auf Händen und Lippen, Fischschuppen, Überbeine, Plattfüße, Senkfüße, Krampfadern, Hämorrhoiden, Karies, schlechte Fingernägel, einknickende Knöchel, Bänderdehnung (Schlottergelenke), leicht umknickende Knöchel, lockere Zähne, Organsenkungen.

Fortsetzung Tabelle 3: Nr. 1 Calcium fluoratum.

Biochemisches Verständnis Im Winter hat der Organismus sehr viel Elastizitätsarbeit zu leisten. Im Freien ziehen sich bei der vorherrschenden Kälte die oberflächlichen Gewebe, Muskeln und Blutgefäße stark zusammen. In den gut geheizten Räumen dehnen sich alle diese Körperteile unter dem Einfluss der Wärme. So ist es verständlich, dass der Betriebsstoff für die Elastizität, die Nr. 1, sehr stark verbraucht wird. Bei Menschen, die einen Mangel an diesem Mineralstoff auf der Betriebsstoffebene haben, kann das zu Problemen führen, wie sie als rissige Haut, rissige Lippen oder gar aufgesprungene Haut bekannt sind.
Reaktion Vor allem in Gelenken können Schmerzen auftreten, die auf „Baustellen" im Körper schließen lassen, die wegen des Mangels an diesem Betriebsstoff stillgelegt werden mussten und nun wieder „in Betrieb" gehen können.
Anwendung Im Mund zergehen lassen, auflösen und v. a. äußerlich als Brei, Cremegel, Salbe.
Mangelzeichen, Zusatzfragen Die Nägel sind bei einem Mangel entweder besonders biegsam oder außerordentlich spröde. Haben Sie Hornhaut an den Fersen? Krampfadern? Oder rissige Hände, rissige Lippen? Haben Sie schlechte Zähne?
Mangelursache, Mangelverstärkung Hohe Elastizitätsleistung wie z. B. im Winter (im Freien ziehen sich v. a. die oberflächlichen Muskeln und Gefäße zum Schutz – Vermeidung von unnötigem Wärmeverlust – zusammen, in der Wärme dehnen sie sich wieder: Dies führt zur sehr verbreiteten rauen Haut bzw. den Rissen in der Haut – Schrunden.).

2.2 Nr. 2 Calcium phosphoricum ($CaHPO_4x2H_2O$)

Tabelle 4: Nr. 2 Calcium phosphoricum.

Empfohlene Potenzierung D6
Biochemischer Zusammenhang – Dieser Mineralstoff bindet das Eiweiß für den organischen Aufbau. Bei einem Mangel wird das Eiweiß nicht verarbeitet, sondern die Eiweißflocken werden im Körper angeschwemmt, wodurch es zu einer starken Gewichtszunahme kommen kann (Eiweißdickleibigkeit). – Dieser Mineralstoff ist das wichtigste Knochenaufbaumittel, ein Blutaufbaumittel sowie für den Zellaufbau zuständig – im weitesten Sinne für die „Fülle". – Betriebsstoff für die willkürlichen Muskeln.
Zwanghafte charakterliche Struktur, die zu Mängeln bei diesem Mineralstoff führt – Angst, übersehen zu werden, klammert am anderen, – Angst vor Umklammerung – deshalb Scheu, in enge Räume zu gehen, – ist auf Reaktionen bei seinen Mitmenschen aus, – kann nicht begegnen, hat eine tief liegende Angst um sein Leben, – sorgt sich sehr um seine diesseitige, materielle Existenz, – ist angefüllt von Bildern der Bedrohung seines Lebens, – ist umzingelt von der Angst.
Zunehmende Distanzierungsfähigkeit von den Zwängen Die innere Bewegung geht von der Anspannung zur Lockerung und Lösung. Es besteht eine unbedingte Notwendigkeit, von der Angst, nicht gesehen zu werden, wegzukommen. Den Blick, der unentwegt auf die Bestätigung der eigenen Existenz aus ist, von sich weg auf andere richten können. Es geht um die Fähigkeit, sich entspannen zu können, loszulassen und auf sich und andere zuzugehen. Der Weg führt aus der eigenen Isolierung, von der Angst um sich, zur Verbindung der inneren mit der äußeren Welt. Die befreiende Einstellung zu diesem Mineralstoff heißt: „Ich darf grundsätzlich davon ausgehen, dass mich der andere sieht und meine Bedürfnisse wahrnimmt!"

Fortsetzung Tabelle 4: Nr. 2 Calcium phosphoricum.

Emotionaler Zusammenhang Die mit einem größeren Mangel verbundene Angst um das eigene Leben wird durch die Einnahme dieses Mineralstoffes vermindert.
Zeichen im Gesicht Wächsern
Speicher im Körper Zähne und Knochen innen, Muskeln, Blut
Wirkung, Wirkungsweise – Kurzfristig (z. B. bei unruhigem, beschleunigtem Herzschlag). – Langfristig (z. B. bei Wachstumsproblemen), entspannend, entkrampfend, beruhigend, Gewichtszunahme[8] (Substanzbildung), Regulierung der Brustgröße.
Betriebsstörung, Krankheit, Symptom Blutarmut, Schlafstörungen, Muskelkrämpfe, Taubheitskribbeln, Wetterempfindlichkeit, sehr schneller Schweißausbruch, bellender Husten (v. a. bei Kindern), zu schneller Pulsschlag, Nervosität, Überanstrengungskopfschmerz, Eiweißallergie, Osteoporose, Wachstumsschmerzen.
Biochemisches Verständnis Die Nr. 2 hat eine beruhigende Wirkung auf die Muskeln, weshalb es bei Muskelkrämpfen das Mittel der Wahl ist. Wenn es durch Belastungen am Schlafplatz zu hohen Spannungen im Körper kommt, wird sehr viel von der Nr. 2 verbraucht. Die darauf folgenden Wadenkrämpfe sind äußerst unangenehm und können mit der Nr. 2 gut behandelt werden. Dasselbe gilt auch für die Muskelkrämpfe, die beim Bergaufgehen oder bei starker sportlicher Belastung auftreten. Während der Schwangerschaft braucht der Organismus u.a. sehr viel Calcium phosphoricum für den Embryo, wodurch es

8 Bei einer evtl. vorhandenen Sorge wegen Gewichtszunahme und gleichzeitigem Mangel an Calcium könnte auf das reinigende und entschlackende Calcium sulfuricum, die Nr.12, umgestiegen werden.

Fortsetzung Tabelle 4: Nr. 2 Calcium phosphoricum.

leicht zu einem Mangel und schließlich zu Muskelkrämpfen, vorwiegend Wadenkrämpfen, kommt. Es wäre falsch, in diesem Fall die Krämpfe nur mit allopathischen Magnesiumpräparaten behandeln zu wollen; obwohl dies auch hilft, aber nur vordergründig.
Vor allem bei Osteoporose in den Wechseljahren der Frauen geht es um diesen Mineralstoff. Der Übergang in die Zeit ohne Menstruation ist für viele Frauen eine große Krise, die ihr Selbstverständnis oft völlig in Frage stellt: „Wer bin ich denn dann noch?" (als Frau ohne Menstruation ...). Die auftauchende Verunsicherung und Angst lässt die Muskeln sich verkrampfen. Da das Rückgrat auf der körperlichen Ebene die Person widerspiegelt, spannen sich besonders die Muskeln entlang des Rückgrates an. Bei einer Begleitung bzw. Betreuung einer solchen Frau ist es eine unzumutbare Reduzierung ihres Problems zu sagen, sie brauche ein paar Hormone, dann noch ein paar Calciumpräparate, dann sei alles in Ordnung. Das ist zu wenig, eine ganz-heitliche Sicht des Problems ist hier besonders wichtig!

Reaktion
Chronisch verkrampfte, verhärtete Muskeln beginnen bei ihrer Lockerung zu schmerzen.

Anwendung
- Innerlich: unterstützend,
- auch äußerlich als Cremegel oder Salbe bei allen Verspannungen der Muskulatur.

Mangelzeichen, Zusatzfragen
Empfindung von Kälte (die angespannten Muskeln binden sehr viel Energie, wodurch es zur Empfindung der Kälte kommt). Zähneknirschen, weiße Flecken auf Zähnen und Nägeln.

Mangelursache, Mangelverstärkung
Bei Mangel an diesem Mineralstoff kommt es zu einem Heißhunger auf pikante Speisen, v. a. auf Ketchup, Senf und Geräuchertes. (Besonders Kinder sind da sehr anfällig, gerade sie brauchen sehr viel von diesem Mineralstoff für einen gesunden Aufbau ihres Körpers.)

2.3 Nr. 3 Ferrum phosphoricum ($FePO_44H_2O$)

Tabelle 5: Nr. 3 Ferrum phosphoricum.

Empfohlene Potenzierung D12
Biochemischer Zusammenhang – Bindet in den roten Blutkörperchen den Sauerstoff, wodurch dieser bis zu den Zellen gelangen kann, – ist ein wichtiges Transportmittel im Körper, – für den Energiehaushalt von großer Bedeutung. – Es ist das Mittel für das erste Stadium einer Krankheit.
Zwanghafte charakterliche Struktur, die zu Mängeln bei diesem Mineralstoff führt – Unangemessene Reibung an der Welt, – muss sich mit allem und jedem auseinandersetzen, – läuft im Extremfall gegen die Welt und stößt sich den Kopf an, – versucht, anderen sein Tempo aufzuzwingen, – zerreibt sich am vermeintlichen Widerstand der Welt.
Zunehmende Distanzierungsfähigkeit von den Zwängen In der beständigen Arbeit an den problemhaften Strukturen kommt der Mensch weg von der Abwehr gegen die Welt und ihre Anforderungen hin zur mutigen Stellungnahme und Auseinandersetzung mit den gegebenen Situationen. Er kommt dabei von der eingeschränkten Sicht in der Betrachtung der eigenen Situation in der Welt hin zur Wachheit und aufmerksamen Beobachtung dessen, was dran ist, im Augenblick, im Jetzt gefordert ist. Sich auf die Welt einzulassen, bedeutet nicht nur Reibung! Nur, wer sich unverhältnismäßig, ohne Augenmaß mit der Welt auseinandersetzt, verursacht viel Reibung und damit auch Energieverlust. Der Mensch beginnt, sich auf das unterschiedliche Tempo, mit dem sich seine Mitmenschen mit der Welt auseinandersetzen, angemessen einzustellen und reibt sich nicht mehr an ihnen. Die befreiende Einstellung zu diesem Mineralstoff heißt: „Ich darf mich mit der Welt so intensiv auseinandersetzen, wie es mir möglich ist!"

Fortsetzung Tabelle 5: Nr. 3 Ferrum phosphoricum.

Emotionaler Zusammenhang Durch die Einnahme wird das allzu schnelle Heißlaufen, dass man sich „zu schnell entzündet“, die viel zu heftige, unangemessene Erregung abgebaut.
Zeichen im Gesicht Bläulich-schwärzliche Färbung an der Nasenwurzel innen; warme, rote Stellen im Gesicht, v. a. sind davon häufig die Ohren betroffen.
Speicher im Körper An der Nasenwurzel innen – wer einen größeren Mangel hat, hat einen schmalen Steg bzw. Einbuchtungen an den Stellen, an denen sich die bläulich-schwärzliche Färbung zeigt.
Wirkung, Wirkungsweise Bei Verletzungen und allen „plötzlich“ auftretenden, akuten Gesundheitsstörungen, also immer dann, wenn die körpereigenen Abwehrkräfte in Alarmzustand versetzt werden, wirkt dieser Mineralstoff unterstützend und hilfreich. – Langfristig bei der inneren Anwendung, z. B. niedriges Fieber, Entzündungen. – Kurzfristig innerlich wie äußerlich angewendet, schmerzstillend, als erste Hilfe z. B. bei Verletzungen, Prellungen.
Betriebsstörung, Krankheit, Symptom **Es ist das Mittel für die erste Hilfe! Auch bei Verletzungen und v. a. für Schmerzen:** pulsierend, klopfend, pochend, mit Hitze einhergehend und bei Bewegung stärker werdend. Beginnende entzündliche Prozesse und frische Wunden, aber auch infektiöse Kinderkrankheiten im Anfangsstadium werden günstig beeinflusst. Vorbeugend genommen stärken sie ganz besonders die Widerstandskraft des Körpers (z. B. Verkühlung). Entzündungen, niedriges Fieber (bis 38,8°), Angina, alle infektiösen Krankheiten im Anfangsstadium, Ohrenschmerzen, Mittelohrentzündung, Rauschen im Ohr, klopfende, pulsierende oder pochende Schmerzen (Kopfschmerzen), mangelnde Konzentrationsfähigkeit, Sonnenunverträglichkeit, Durchfall oder Verstopfung, erhöhte Blutsenkung.

Fortsetzung Tabelle 5: Nr. 3 Ferrum phosphoricum.

Biochemisches Verständnis Eisen ist nicht nur für Sauerstoff das „Transportschiff", sondern unterstützt den Transport aller im Körper transportierter Mittel überhaupt. Wenn also durch besondere Beanspruchung, wie z. B. Kälte im Winter, sehr viel Eisen aus den aktuellen Speichern verbraucht wurde und auch die Substanz schon „angeknabbert" ist, steht von diesem Mineralstoff nicht mehr viel zur Verfügung. Wenn es jetzt zu zusätzlichen Belastungen kommt, steht vom Transportmittel, der Nr. 3, nicht mehr viel zur Verfügung. Damit der erhöhte Anspruch an den Stoffwechsel trotzdem möglich ist, muss der Organismus zu einer Notmaßnahme greifen. Er erhöht die Betriebstemperatur, was für uns so viel wie Fieber bedeutet. Bei einer Gabe von der Nr. 3 wird also nicht das Fieber bekämpft. Es wird die Not beendet, durch die der Organismus gezwungen war, die Erhöhung der Temperatur vorzunehmen. Es ist für den Organismus nicht mehr notwendig, die Betriebstemperatur zu erhöhen.
Reaktion Bei ausreichender Dosierung gehen die Beschwerden (niedriges Fieber, Schmerzen) rasch zurück. Es darf vor hoher Dosierung nicht zurückgeschreckt werden.
Anwendung Vorbeugend bei Muskelkater, Stärkung der Widerstandskraft, fördert die Konzentrationsfähigkeit, Schmerzmittel allgemein, blutstillend. Wunden heilen rasch ohne Narbenbildung.
Mangelzeichen, Zusatzfragen Ermüden Sie sehr leicht? Haben Sie Konzentrationsschwierigkeiten? Wie gut oder schlecht vertragen Sie die Sonne? Haben Sie ein schwaches Immunsystem bzw. verkühlen Sie sich leicht? Sind Sie sehr leicht krank? Fangen Sie sich gleich jede Krankheit ein?
Mangelursache, Mangelverstärkung Kaffee, schwarzer Tee und das Theobromin im Kakao verbrauchen im Körper sehr viel Eisen.

2.4 Nr. 4 Kalium chloratum (KCl)

Tabelle 6: Nr. 4 Kalium chloratum.

Empfohlene Potenzierung D6
Biochemischer Zusammenhang – Bildet den Faserstoff, indem die Eiweißbausteine, die durch die Nr. 2 Calcium phosphoricum gebildet wurden, zu Fasern zusammengefügt werden, – ist ein bedeutender Betriebsstoff für die Drüsen im Körper, – bindet chemische Gifte. – Es ist das Mittel für das zweite Stadium einer Krankheit, wenn Gefahr besteht, dass sie sich im Körper festsetzt.
Zwanghafte charakterliche Struktur, die zu Mängeln bei diesem Mineralstoff führt Wenn Gefühle allzu intensiv, übertrieben gelebt und erlebt werden, dann steckt meistens sehr viel Zwanghaftigkeit im Leben dieses Menschen. Ein Beispiel sind Mütter, die behaupten, dass es ihnen selbst schlecht gehe, wenn ihre Kinder krank sind. Sie koppeln unmittelbar an die Lage des Kindes an und verstehen das als besondere Form der Mutterliebe. Aber diese Erscheinung gibt es auch ganz allgemein im Leben: dass sich jemand so wenig von der Situation eines anderen distanzieren kann, dass er sie gefühlsmäßig angeblich genauso erlebt und somit an den Gefühlen des anderen „klebt“. Eine Unterdrückung bzw. Verdrängung der Gefühle, die Gefühlskälte hat außerdem noch mit anderen Mineralstoffen zu tun. Dieses innere Kleben an den Gefühlen, an denen der anderen wie an den eigenen, die mangelnde Distanzierungsfähigkeit, strapaziert unentwegt die Drüsen und damit den Kalium-chloratum-Haushalt. Parallel dazu bringt die Überspanntheit, mit der die Gefühle gelebt werden, einen hohen Tonus für alle Gewebe, was den Kalium-chloratum-Haushalt noch mehr beansprucht.
Zunehmende Distanzierungsfähigkeit von den Zwängen Das Gefühl ermöglicht, die Befindlichkeit der jeweiligen Situation wahrzunehmen, in der sich der Mensch befindet (körperlich: schwül, drückend, angenehm; psychisch: befreiend, bedrohlich, entlastend). Diese Wahrnehmung ist von großer

Fortsetzung Tabelle 6: Nr. 4 Kalium chloratum.

Bedeutung, damit die in dieser Welt vorgefundenen Möglichkeiten nicht über-, aber auch nicht unterschätzt werden. Während die Nr. 3 Ferrum phosphoricum die Quantität der Auseinandersetzung mit der Welt gewährleistet, ist die Nr. 4 Kalium chloratum für die Qualität der Auseinandersetzung zuständig. Die früheren Erziehungsideale von „fromm, brav und fleißig" haben den Menschen dazu gebracht, sein eigenes Leben zu verleugnen und die Erwartungen der anderen zu erfüllen. Das bringt allerdings nur Erleichterung, keine wirkliche Freude. So haben manche Menschen gelernt, Gefühle zu zeigen, die sie gar nicht haben. Sie inszenieren Gefühle und „spielen" auf diese Art ein Leben, das nicht ihr eigenes ist. Die eigene Gefühlswelt wird dabei unterdrückt oder gar als gefährlich eingestuft, denn sie lässt Bilder und Gedanken entstehen, die als gefährdend erlebt werden. Eigenes Leben mit all seinen Einsprüchen, Widerständen und Protesten ersticken im Mangel an Mut, sich zu zeigen, oder in der überlebensnotwendigen Anpassung. Innerlich entsteht dabei ein Gefühlsstau. Es ist ein Unterschied, Gefühle zu erleben, sie zu leben oder von ihnen gelebt zu werden. Die befreiende Einstellung zu diesem Mineralstoff heißt: „Ich darf meine eigenen Gefühle haben, zu ihnen stehen und sie auch ausdrücken."
Emotionaler Zusammenhang Wenn man in gefühlsmäßigen Überschwang ausbricht; wenn Gefühle inszeniert werden und spürbar ist, dass sie nicht echt sind, exaltiert.
Zeichen im Gesicht Milchig-rötliche bzw. milchig-bläuliche Färbung der Haut auf dem Ober- und Unterlid, milchige „Brille" rund um die Augen Hautgrieß, Couperose
Speicher im Körper Bronchien, Schleimhäute, Drüsen
Wirkung, Wirkungsweise Mittel- bis langfristig als Drüsenbetriebsstoff. Er sollte bei Entzündungen im fortgeschrittenen Stadium eingesetzt werden,

Fortsetzung Tabelle 6: Nr. 4 Kalium chloratum.

wenn die Gefahr besteht, dass eine Erkrankung sich festsetzt und womöglich chronisch wird (2. Stadium einer Krankheit).
Betriebsstörung, Krankheit, Symptom Schleimiger Husten, Bronchitis, weißer Zungenbelag, weiche Schwellungen, weißer Schleim, fadenziehender Speichel, Couperose, Besenreiser, Blutverdickung (reguliert die Fließfähigkeit des Blutes, indem es den Faserstoff bindet), Schwerhörigkeit, Neigung zu Übergewicht, Drüsenschwellungen.
Biochemisches Verständnis Das Kalium chloratum bindet im Körper den Faserstoff. Der Hauptspeicher für diese Moleküle befindet sich in den Bronchien. Wenn nun durch besondere Belastungen der Drüsen, z. B. durch Alkohol, durch elektromagnetische Belastung oder reichlichen, notwendigen Wärmeaustausch im Körper viel von der Nr. 4 verbraucht ist, geht das an die Grenzen des Arbeitsspeichers, und dieser muss aus seinem Langzeitspeicher nachgefüllt werden. Dadurch werden viele Moleküle der Nr. 4 aus den Bronchien abberufen, und der Faserstoff fällt als Abfall an. Für uns ist das üblicherweise der schleimige Husten. Wenn man das nicht versteht, wird immer wieder verlangt, dass sich da „unten“ etwas löst; anstatt dafür zu sorgen, dass kein Kalium chloratum mehr herausgelöst werden muss, damit der Faserstoff seinen Halt nicht verliert. Deshalb ist die Salbe Nr. 4 ein fester Bestandteil der Mischung für die Hustensalbe. Bei Schwellungen aller Art (Fußverletzung, Schwellungen der Leistengegend, Schwellungen im Halsbereich) ist immer auch an die Nr. 4 zu denken. Die Nr. 4, v. a. auch als Salbe, ist hervorragend geeignet, Couperose zu beeinflussen. Nach mehrjährigen Anwendungen der Schüßler-Mineralstoffe können diese sogar ganz verschwinden. Kalium chloratum ist Bestandteil der Venensalbe, die auch für die Hämorrhoiden verwendet werden kann.
Reaktion Schnelle Reaktion als kurzfristige Verstärkung der Symptome möglich.

Fortsetzung Tabelle 6: Nr. 4 Kalium chloratum.

Anwendung Im Mund zergehen lassen, Umschlag, Salben, Wickel, Inhalation.
Mangelzeichen, Zusatzfragen Haben Sie Besenreiser? Leicht einen schleimigen Husten? Leiden Sie unter Hautgrieß? Haben Sie Drüsenprobleme? Allergien? Stoffwechselprobleme?
Mangelursache, Mangelverstärkung Alkohol, Milchprodukte und Strombelastung verbrauchen sehr viel von diesem Mineralstoff im Körper.

2.5 Nr. 5 Kalium phosphoricum ($KH_2 PO_4$)

Tabelle 7: Nr. 5 Kalium phosphoricum.

Empfohlene Potenzierung D6
Biochemischer Zusammenhang – Baut mit Hilfe von Nr. 8 Natrium chloratum Gewebe auf, – ist für das hohe Fieber zuständig, – ist das biochemische Antiseptikum, – ist für die Leistung, den Einsatz im Leben zuständig.
Zwanghafte charakterliche Struktur, die zu Mängeln bei diesem Mineralstoff führt – Übertriebener Einsatz im Leben, – Unangemessenheit in der Beantwortung bzw. Reaktion auf das Leben und seine Anforderungen, – Überforderung der eigenen Möglichkeiten, – lebt in der Diktatur idealistischer Vorstellungen, – verlangt von sich, Unmögliches zu verwirklichen, was schließlich zu einer Depression führen kann.
Zunehmende Distanzierungsfähigkeit von den Zwängen – Den Blick weg von den Möglichkeiten der anderen und hin auf die eigenen richten. – Die Anforderungen an sich, die vom Blick auf Wunschvorstellungen und Ideale kommen, auf das eigene mögliche Maß reduzieren. – Auf das Eigene schauen und etwas daraus machen. – Bei sich nachfragen, was ansteht, woran zu arbeiten ist. – Die eigene Sichtweise um die der anderen bereichern, indem versucht wird, sie zu verstehen. – Nicht die anderen, sondern sich selbst verändern. – Aus der Diktatur idealistischer Betrachtungs- und Handlungsweisen in eine menschlich warme und barmherzige Lebensart sich befreien. – Man bekommt v. a. den Mut, allen brisanten Lebenssituationen beherzt zu begegnen und sie angemessen einzuschätzen. – Von der Überforderung der eigenen Lebensmöglichkeiten hin zur angemessenen Forderung an das eigene Leistungsvermögen.

Fortsetzung Tabelle 7: Nr. 5 Kalium phosphoricum.

– Durch die Arbeit an sich eine Einstellung bzw. Haltung gewinnen, die die Möglichkeiten der Verwirklichung des Eigenen ins Blickfeld rückt. – Weg von allen überfordernden und belastenden Gedanken und hin zu einer Einstellung, die Bilder aufkommen lässt, die das Leben aufbauen. – Ermutigung und Wachheit ermöglichen eine lebensbejahende Einstellung. – Die durch Überforderung und Überfrachtung entstandene Verkürzung des Lebens verlassen, in Richtung eines behutsamen Umgangs mit sich selbst und mit den eigenen Möglichkeiten. Der Versuch, sich ins Leben der anderen „hineinzudrücken“, bei ihnen anzukommen, sich damit die Lebensberechtigung zu verdienen, kostet viel Aufwand; ganz gleich, ob es durch Leistung oder entsprechende Darstellung versucht wird. Die Berechtigung zum eigenen Leben ist schon durch die Existenz vorhanden. Die befreiende Einstellung zu diesem Mineralstoff heißt: „Ich muss nicht mehr von mir verlangen, als ich zu leisten im Stande bin!“
Emotionaler Zusammenhang Die durch einen starken Mangel hervorgerufene Entmutigung, die Schwäche der Nerven und die unter Umständen auftauchende Weinerlichkeit kann mit diesem Mineralstoff abgeschwächt werden. Die auftauchende Platzangst, derentwegen man es sich nicht zutraut, quer über einen großen freien Platz zu gehen, kommt ebenfalls von einem Mangel an Mut, was auf einen Mangel an diesem Mineralstoff hinweist. Durch die alltägliche Nahrung erwartet der Organismus eine Energiezufuhr, die aber meistens nicht erfolgt. Ein nach dem Essen sehr bald wieder auftretendes starkes, diffuses Hungergefühl weist auf einen Mangel an diesem Mineralstoff hin, weil durch das Essen nicht die benötigte Energie zugeführt wurde.
Zeichen im Gesicht Eingefallene Schläfen, matter Glanz der Augen, aschgrau um das Kinn – kann sich aber über das ganze Gesicht ausbreiten.

Fortsetzung Tabelle 7: Nr. 5 Kalium phosphoricum.

Speicher im Körper Schläfen, Milz, Nerven
Wirkung, Wirkungsweise – Schnell bei hohem Fieber, rasch bei üblem Mundgeruch. – Langsam, wenn es sich um den Aufbau von Gewebe handelt.
Betriebsstörung, Krankheit, Symptom Es bringt als „Generalmittel“ die Energie bei allen Erschöpfungszuständen seelischer und körperlicher Natur zurück. Der Mineralstoff kommt in allen Gehirn- und Nervenzellen, im Blut und in den Muskeln vor. Platzangst, Lähmungserscheinungen, schlechte Nerven, Mundgeruch (der nicht durch Zähneputzen weggeht), Zahnfleischbluten, Zahnfleischschwund, ständiges Hungergefühl nach dem Essen, hohes Fieber (über 38,5°), Nagel- und Hautpilz.
Biochemisches Verständnis Dieser Mineralstoff ist aber auch für den Körper „das“ Antiseptikum. Wenn also eindringende Krankheitskeime oder anderes „desinfiziert“ werden müssen, braucht der Organismus dringend Moleküle der Nr. 5. Üblicherweise stehen sie zur Verfügung. Wurden sie aber z. B. durch sehr große Beanspruchung verbraucht – es ist ja auch das Energiesalz –, muss Gewebe zerlegt werden, damit der Organismus an die notwendigen Moleküle der Nr. 5 herankommt. Das geschieht bei sehr hoher Temperatur, damit dann auch der Transport schnell vor sich geht. Das Ganze stellt für den Organismus einen dramatischen Ablauf dar, deshalb die große Eile durch die hohe Temperatur. Wenn dann bei solchen Vorgängen die Nr. 5 gegeben wird, wird nicht das hohe Fieber bekämpft, sondern die Notwendigkeit des hohen Fiebers aufgehoben. Kalium phosphoricum bindet im Körper das Lezithin und ist damit für die Energie zuständig.
Reaktion Wenn das hohe Fieber nicht sinkt, kann der zusätzliche Einsatz von Nr. 2 Calcium phosphoricum notwendig sein. Bei hohem Fieber ernsthaft überlegen, wie lange es dem Patienten zugemutet werden darf.

Fortsetzung Tabelle 7: Nr. 5 Kalium phosphoricum.

Anwendung – Im Mund zergehen lassen, – bei Mundfäule tropfenweise eingeben, – zur Stärkung der Muskeln und anderer Gewebe auch äußerlich.
Mangelzeichen, Zusatzfragen Wie geht es Ihrem Zahnfleisch? Leiden Sie unter Erschöpfungszuständen? Sind Sie eher verzagt, vielleicht sogar weinerlich, niedergeschlagen? Hier lässt sich auch der Hinweis auf den Schlafplatz anbringen: Wie die Zähne im Zahnfleisch gebettet sind, ist meistens auch der Mensch in seinem Bett gebettet. Diese Behauptung stimmt mit einer großen Wahrscheinlichkeit. Ein schlechter Schlafplatz kostet enorm viel Energie, wodurch der Mangel an Nr. 5 sofort wieder verständlich wird. Bei Verdacht: Wie geht es Ihnen mit dem Mundgeruch, der auch mit dem Zähneputzen nicht weggeht? Wenn der Partner dabei ist, ist es günstig, ihn zu fragen. Es besteht eine gewisse Hemmung über dieses Problem zu sprechen, deshalb sollte damit behutsam, diskret umgegangen werden.
Mangelursache, Mangelverstärkung Vor, bei oder nach besonderer Anstrengung zur Auffüllung der angegriffenen Speicher ausgiebig nehmen.

2.6 Nr. 6 Kalium sulfuricum (K_2SO_4)

Tabelle 8: Nr. 6 Kalium sulfuricum.

Empfohlene Potenzierung D6
Biochemischer Zusammenhang – Sauerstoffübermittlung in die Zelle hinein, – Betriebsstoff der Bauchspeicheldrüse – wichtig für die Langerhan'schen Inseln wegen der Produktion des Insulins, – Pigmentierung der Haut. – Es ist das Mittel für das dritte Stadium einer Krankheit, wenn sie sich schon im Körper festgesetzt hat, also chronisch ist.
Zwanghafte charakterliche Struktur, die zu Mängeln bei diesem Mineralstoff führt – Übertriebene Aufmerksamkeitshaltung der Welt gegenüber, – übertriebene Sorge, die Erwartungen anderer zu übersehen, – „atemlos“, weil man vor lauter Erfüllung der Erwartung der anderen keine Luft mehr bekommt, – weil man dauernd beim Leben der anderen ist, übersieht man sich. – Das Übersehen der eigenen Bedürfnisse lässt Ärger entstehen.
Zunehmende Distanzierungsfähigkeit von den Zwängen – Überwindung von Ärger durch Erwerben innerer Toleranz, – nachtragende Einstellungen, die sich selbst und anderen schwer verzeihen lassen, in verständnisvolle Zuwendung umarbeiten, – von einer verurteilenden Einstellung zum Einfühlungsvermögen, – die Reste des Tages durch eine versöhnliche Haltung gut aufarbeiten und in das Konzept für den neuen Tag einarbeiten, – erfrischt vom erholsamen Schlaf, gereinigt, in den kommenden Tag gehen. Wer an der Welt klebt, kann nicht bei sich sein. Angestrengt wird versucht, die Erwartungen der Außenwelt zu erfüllen, sodass innerlich der Atem wegbleibt! Atemlos! Große Anspannungen im Bauchbereich können gemildert werden, wenn das Eigene zum Zug kommt! Der innere Raum wird durch die eigene Person ausgefüllt, es entsteht ein innerer

Fortsetzung Tabelle 8: Nr. 6 Kalium sulfuricum.

Schwingungsraum! Das Verständnis für sich und für andere wächst! Die Person kann ihren Innenraum „bewohnen“. Die befreiende Einstellung zu diesem Mineralstoff heißt: „Die eigenen Bedürfnisse haben ein Recht, im Leben umgesetzt zu werden, und sind nicht unbedingt den Interessen anderer im Wege. Sie sind auch nicht gegen das Leben anderer gerichtet.“
Emotionaler Zusammenhang Eine traurige, missmutige und oft negative Stimmung verlangt dringend nach Gaben dieses Mineralstoffes. Auch bei einer ärgerlichen Grundstimmung ist dieser Mineralstoff eine wertvolle Hilfe.
Zeichen im Gesicht Gelblich-bräunliche Färbung der Haut, v. a. um Kinn und Augen
Speicher im Körper Bauchspeicheldrüse
Wirkung, Wirkungsweise Entschlackung aus der Zelle, v. a. bei chronischen Krankheiten, die sich schon bis in die Zelle abgelagert haben.
Betriebsstörung, Krankheit, Symptom Dieser Schüßler-Mineralstoff ist – neben der Nr. 3 – ein unentbehrlicher Sauerstoffüberträger und sorgt dadurch für regelmäßige Zellerneuerung. Außerdem leitet dieser Mineralstoff die Schlacken aus den Zellen des Körpers. Er wird deshalb überall dort eingesetzt, wo der Stoffwechsel behindert oder träge geworden ist, besonders bei „hartnäckigen“ Fällen. Aber auch bei Gesundheitsstörungen oder Krankheiten, die nicht so recht herauswollen, nicht heilen wollen. Während die Nr. 3 für den Sauerstofftransport im Blut zuständig ist, hält die Nr. 6 den Sauerstoff in der Zelle. Wenn von diesem Mineralstoff wenig vorhanden ist, entsteht ein übergroßer Bedarf an frischer Luft, um das Manko, den Fehlbestand an Sauerstoff, ununterbrochen auszugleichen. Der Organismus braucht dann nicht so viel in der Zelle festhalten, weil ihm stets genug zugeführt wird.

Fortsetzung Tabelle 8: Nr. 6 Kalium sulfuricum.

Ein Mensch, der an einem solchen Mangel leidet, meidet auch Situationen, in denen unter Umständen wenig „Luft“ zur Verfügung steht, wie große Menschenansammlungen, kleine Räume usw. Mit der Zeit verlegt sich das Vermeidungsbestreben auch in den seelischen Bereich, und man unterscheidet nicht mehr zwischen engem Raum und wenig „Luft“. Dadurch entsteht z. B. Angst vor einem Tunnel, obwohl in ihm genug „Luft“ zur Verfügung steht. Die Gefühlslage des Menschen ist dabei unbedingt ernst zu nehmen. Lufthunger, Klaustrophobie = Angst vor engen Räumen wegen „Luft“-mangel (z. B. im Lift, in Seilbahnkabinen oder bei Tunnelfahrten. Es gibt die Angst vor engen Räumen auch noch aus einem anderen Grund, nämlich vor einer Umklammerung, wobei die Nr. 2 eine gute Hilfe bietet.). Schuppen auf der Haut auf klebrigem gelblichem bis bräunlich-gelblichem Untergrund, Hautkrankheiten, wenn man keine Feuchtigkeit verträgt. Asthma, Pigmentflecken (Ablagerungen in der Haut), Muttermale, Muskelkater, Schuppenflechte, Neurodermitis, Darmpilz, Völlegefühl nach dem Essen, Übelkeit durch Aufregung, Probleme mit der Bauchspeicheldrüse.
Biochemisches Verständnis Bei intensivem Genuss von Kaffee kann es bei manchen Menschen vorkommen, dass sie das Gefühl haben, zu wenig Luft zu bekommen. Nach dem Einnehmen einiger Tabletten der Nr. 6 verliert sich das wieder. Wenn es nach einem ausgiebigen Mahl zu Bauchdrücken, zu einem Völlegefühl kommt, ist sicher die Zufuhr von Sauerstoff in den Magen-Darm-Trakt mit Hilfe einiger Tabletten der Nr. 6 sehr hilfreich. Die „Spätnachmittagsdepression“ ist natürlich keine Depression im klinischen Sinne. Es ist eine gewisse Schwermütigkeit, die sich am späten Nachmittag einstellt und dann wieder vergeht. Diese Erscheinung lässt sich bei Menschen mit extrem großem Mangel an der Nr. 6 beobachten. Die Ursache liegt darin begründet, dass die Natur am späten Nachmittag die Sauerstoffproduktion stark reduziert. Das spüren die darauf sensiblen Menschen, eben jene, die einen großen Mangel an diesem Mineralstoff haben und sauerstoffbedürftig sind.

Fortsetzung Tabelle 8: Nr. 6 Kalium sulfuricum.

Reaktion Wenn durch die Einnahme der Nr. 6 Kalium sulfuricum im Körper Schlacken aus den Zellen frei werden und dadurch als bewegte Schlacken vorliegen, muss unbedingt die Nr. 10 Natrium sulfuricum dazugegeben werden, damit die Schlacken auch aus dem Körper ausgeführt werden. Es kann sonst zu Vergiftungserscheinungen kommen.
Anwendung – Innerlich: bei Hautkrankheiten und zur Pigmentierung der Haut, – auch äußerlich, – bei Gefahr einer Schlackenflut wenig (Nr. 10 beachten!).
Mangelzeichen, Zusatzfragen Haben Sie Lufthunger? Bedürfnis nach frischer Luft? Muss bei Ihnen das Fenster offen sein, v. a. auch in der Nacht? Wenn dann die Antwort heißt: „Ich bin sowieso den ganzen Tag draußen“, sollte dieser Mangel aufmerksam beobachtet werden.
Mangelursache, Mangelverstärkung Aufregung, Hektik. Menschen, die Medikamente für die Schilddrüse einnehmen müssen, haben meistens großen Lufthunger. Die Mittel scheinen die Leber und die Bauchspeicheldrüse insofern zu belasten, dass sehr viel vom Betriebsstoff Nr. 6 verbraucht wird. Daneben erzeugen alles Verbrannte (wie Bohnenkaffee durch die darin enthaltenen Röststoffe), Gegrilltes (durch die Verbrennungsstoffe) sowie Zigaretten (durch die Glimmstoffe) einen großen Mangel an Nr. 6.

2.7 Nr. 7 Magnesium phosphoricum ($Mg\ HPO_4 \cdot 7H_2O$)

Tabelle 9: Nr. 7 Magnesium phosphoricum.

Empfohlene Potenzierung D6
Biochemischer Zusammenhang Die Nr. 7 ist das Betriebsmittel für die unwillkürliche Muskeltätigkeit und deshalb zuständig für die Tätigkeit der Drüsen, der Nerven, der peristaltischen Tätigkeit des Darmes und für das rhythmische Zusammenziehen der Herzmuskulatur.
Zwanghafte charakterliche Struktur, die zu Mängeln bei diesem Mineralstoff führt – Angespannte Haltung, allen Erwartungen gerecht zu werden, – panische Angst, sich zu blamieren, – übertrieben aufgeregt wegen der Angst, etwas falsch zu machen, – peinlichst bemüht, keine Mängel nach außen zu zeigen, – völlig angespannt aus Sorge, jemand könnte wahrnehmen, was man alles nicht kann, – aufgeregt über das, was alles schiefgehen könnte, Lampenfieber, – Anspannung wegen einer eventuellen Beschämung.
Zunehmende Distanzierungsfähigkeit von den Zwängen – Von dem Druck der Erwartungen der anderen sich lösen in Richtung Eigenständigkeit, – von der Orientierung nach außen weg sich auf die Orientierung nach innen, nach dem Eigenen, ausrichten, – sich von der inneren Anspannung in Richtung Lockerung, Gelassenheit bewegen, – von der Verunsicherung des eigenen Lebensweges zur Zustimmung zu sich selbst gelangen. – Die Enttäuschung verarbeiten, die dadurch entsteht, dass man durch den anderen die Lebensberechtigung nicht zugesprochen bekommt, weil man etwas nicht gekonnt hat, ihm nicht „entsprochen“ hat.

Fortsetzung Tabelle 9: Nr. 7 Magnesium phosphoricum.

- Die Spannung verringern, mit der darauf gewartet wird, vom anderen einen Zuspruch, eine Bestätigung, eine Verstärkung, eine Unterstützung, ein Lob oder anderes zu bekommen.
- Die Spannung abbauen, mit der man abwehrt, dass man bloß gestellt wird, oder dass jemand gar „hinein"schauen könnte, ins eigene Innere.
- Die Angst vor der Scham verlieren, die entsteht, wenn jemand sieht, wo man selbst wirklich steht.

Die befreiende Einstellung zu diesem Mineralstoff heißt: „Ich muss nicht mehr können, als ich in mir vorfinde. Aber ich werde verbessern, was mir möglich ist, meine Lebensmöglichkeiten erweitern."

Emotionaler Zusammenhang

Verlegen (österr.: „gschamig").
Die verdrießliche Stimmung, die oft auch beim Morgenmuffel vorhanden ist, der schwer in Schwung kommt, wird durch die „heiße 7" günstig beeinflusst.

Zeichen im Gesicht

Magnesia-Röte: Als zarte Röte liegt sie in kreisrunder Form mit dem Durchmesser etwa eines 2-Euro-Stückes auf beiden Seiten rechts und links des Nasenflügels auf den Wangen. Sie kann sich jedoch sehr intensiv auch über das ganze Gesicht ausdehnen. Verlegenheitsröte zeigt kurzfristigen Magnesiummangel als dynamische Röte an (starkes Erröten), der auch zu bewerten ist.

Speicher im Körper

Nerven, Herz, Drüsen

Wirkung, Wirkungsweise

Entspannend, krampflösend.
Schnell – als „heiße 7" (Es werden 7–10 Stück von der Nr. 7 in kurze Zeit gekochtem Wasser aufgelöst und so heiß wie möglich „schlückchenweise" eingenommen.)

Fortsetzung Tabelle 9: Nr. 7 Magnesium phosphoricum.

Betriebsstörung, Krankheit, Symptom
Bei allen plötzlich auftretenden, einschießenden, bohrenden und krampfartigen Schmerzen ist die Nr. 7 angezeigt. Magnesium steuert das vegetative Nervensystem und hat daher Einfluss auf die Tätigkeit von Herz, Kreislauf, Drüsensystem, Verdauungsorganen und Stoffwechsel. Lampenfieber, Schokoladenhunger, Krampfmittel bei unwillkürlichen Verkrampfungen (Bauchschmerzen, Koliken, Regelkrämpfen, Angina pectoris, Migräne im Anfangsstadium), Juckreiz (entspannt die Oberflächenspannung der Haut), blitzartige Schmerzen, Kloßgefühl im Hals (Globusgefühl), bei Schlafstörungen: ist ein gutes Schlaf- und Weckmittel („löscht das Licht aus und zündet es an"), Blähungen.
Biochemisches Verständnis
Wenn jemand unter großem seelischen, arbeitsmäßigen oder anderen Druck steht, wodurch sich die Nackenmuskeln verspannen, oder durch elektromagnetische Belastungen am Nacken unter Spannung kommt, ist der Energiefluss vom Körper in den Kopf stark vermindert oder gar blockiert. Es entsteht ein Gefühl der Spannung im Nacken, das sich langsam über den Hinterkopf ausbreitet und dann über das Schädeldach bis in die Stirn und weiter in den Augenhintergrund reicht. Eine Migräne bahnt sich an. Oft genug hat hier die „heiße 7" noch geholfen. Sie löst die unwillkürliche, unterschwellige Spannung, wodurch der Energiefluss wieder in Gang kommt und die Schmerzen zurückgehen. **Wichtig ist, dass die „heiße 7" zu Beginn der Migräne eingenommen wird. Eine spätere Einnahme überfordert die Möglichkeiten dieses Mineralstoffes!** Viele Mädchen und Frauen leiden unter Schmerzen während der Menstruation. Es sind dies unwillkürliche Spannungsschmerzen, die sich ebenfalls durch häufige Einnahme der „heißen 7" lockern lassen. Nach längerer Einnahme besteht sogar die Möglichkeit, dass sich die Schmerzen während der Menstruation ganz verlieren. Die unwillkürliche Verkrampfung des Menschen, ausgelöst durch einen Magnesiummangel, verursacht u. U. auch das Beißen der Nägel. So ist es leicht möglich, dass Ihnen jemand, nach längerer Zeit der Einnahme, seine nun

Fortsetzung Tabelle 9: Nr. 7 Magnesium phosphoricum.

gutgeformten Fingernägel zeigt, mit aller Freude natürlich. Sehr oft bestätigt es sich, dass sich durch das Einnehmen besonders der Nr. 7 der Schokoladenhunger verliert.
Reaktion Nach der Einnahme der „heißen 7" gehen oft Gase ab. Die Nr. 7 bindet in der Form als „heiße 7" Stickstoff und seine Verbindungen, z. B. Ammoniak.
Anwendung Nr. 7 muss nicht unbedingt immer als „heiße 7" eingenommen werden, oft genügt das Zergehenlassen im Mund.
Mangelzeichen, Zusatzfragen Haben sie einen Schokoladenhunger? Auf die mögliche Antwort: „Ja, Süßes mag ich gern", sollte unbedingt die Frage gestellt werden: „Muss es denn Schokolade sein?". Dies zur Unterscheidung, ob es ein Mangel an Nr. 7 oder an Nr. 9 ist. Der reine Süßigkeitenhunger gehört zur Nr. 9. Werden Sie leicht verlegen, verbunden mit „Rotwerden"? Steigt Ihnen leicht die Schamröte ins Gesicht? Haben Sie hektische Flecken? (Diese finden sich meistens im Bereich des Dekolletés, am Hals.)
Mangelursache, Mangelverstärkung Starke elektromagnetische Belastungen (Stromsmog) verbrauchen sehr viel von diesem Mineralstoff im Körper.

2.8 Nr. 8 Natrium chloratum (NaCl)

Tabelle 10: Nr. 8 Natrium chloratum.

Empfohlene Potenzierung D6
Biochemischer Zusammenhang – Reguliert den Flüssigkeits- und Wärmehaushalt, – bindet den Schleim (Mucin) und bildet damit alle Schleimhäute, – besorgt den Stoffwechsel aller Körperteile, die nicht durchblutet werden (Sehnen, Bänder, Knorpel, Bandscheiben, Augen).
Zwanghafte charakterliche Struktur, die zu Mängeln bei diesem Mineralstoff führt – Die Wechselbäder (es läuft einem „heiß und kalt“ über den Rücken), die durch die verschiedenen Reaktionen der anderen auf die eigenen Bemühungen entstehen, verbrauchen viele Mineralstoffe, v. a. von dem, der die Wärme reguliert. – Da Erwartungen der anderen erfüllt werden, die der andere nicht hat, sondern jene, die ihm unterstellt werden, geht „meistens“ „alles“ daneben. – Der „Beglückte“ will die „Segnungen“ nicht annehmen. – Als Reaktion auf die Ablehnung wird geschmollt (österr.: „gemockt“), zieht sich der sich so sehr Bemühende zurück und ist „verschnupft“.
Zunehmende Distanzierungsfähigkeit von den Zwängen Aus einem überholten Beziehungsideal, in dem es darum geht, dem anderen die Wünsche „von den Augen“ abzulesen, wird versucht, Erwartungen zu erfüllen, die dem anderen unterstellt werden, ohne dass eine Vergewisserung geschieht. Hat der Mensch als Kind erlebt, dass die Erwartungen ungefragt zu erfüllen sind, weil sonst Liebesentzug oder gar noch schlimmere Folgen zu befürchten waren, musste diese Zwanghaftigkeit ausgebildet werden. Die Befreiung führt an der Angst vorbei, dass der andere enttäuscht sein könnte, wenn seine Erwartungen nicht erfüllt werden. (Meistens ist es eine Befreiung. Er/sie ist dann nicht

Fortsetzung Tabelle 10: Nr. 8 Natrium chloratum.

zum„liebenswürdigen" Annehmen der „Wohltaten" gezwungen, weil er/sie Angst hat, dass der „Wohltäter" bei Nichtbeachtung der „Wohltat" verschnupft sein könnte.) Niemand muss die Gedanken der anderen lesen können! Die befreiende Einstellung zu diesem Mineralstoff heißt: „Ich muss die Erwartungen der anderen nicht erraten, sondern ich kann sie erfragen."
Emotionaler Zusammenhang Die allzu große Empfindlichkeit, wenn man sehr leicht „verschnupft" ist oder gar beleidigt, obwohl man es selbst gar nicht will, kann durch diesen Mineralstoff abgebaut werden.
Zeichen im Gesicht Ein feuchter Glanz (Gelatineglanz) auf dem Oberlid, auch auf dem Unterlid, große Poren
Speicher im Körper Schleimhäute
Wirkung, Wirkungsweise – Schnell z. B. beim Fließschnupfen. – Langsam bei Knorpel- oder Gelenkproblemen.
Betriebsstörung, Krankheit, Symptom Es mag verblüffen, dass ausgerechnet Kochsalz, das medizinisch gesehen in Verruf geraten ist (weil wir alle zuviel davon nehmen, oft in versteckter Form), ein Heilmittel sein soll. Aber in potenzierter (stark verdünnter) Form wirkt eben vieles „anders"... Die Nr. 8 begünstigt die Zellteilung und vermehrt dadurch indirekt die Zahl der roten Blutkörperchen. Sie reguliert den Wärme- und Flüssigkeitshaushalt im Körper; bildet außerdem das Knorpelgewebe und die Gelenkschmiere. Es ist der Mineralstoff, der im Körper die Gifte unschädlich macht! Deshalb wird dieser Mineralstoff mit Gicht in Zusammenhang gebracht, weil diese Krankheit hauptsächlich von unverarbeiteten Purinen verursacht wird. Fließschnupfen (wässrig), Hauptmittel bei Heuschnupfen, Insektenstichen (+ Nr. 2), Nebenhöhlenproblemen, Kälteempfind-

Fortsetzung Tabelle 10: Nr. 8 Natrium chloratum.

lichkeit, empfindlich gegen Luftzug, Bandscheibenschäden, Knorpelschäden, bei Brandverletzungen (bei frischen Verbrennungen wird ein Brei aufgelegt), Schuppen auf dem Kopf, kalte Hände und Füße, Blasen- und Nierenentzündung, bei Heißhunger auf salzige und stark gewürzte Speisen, Gelenkgeräusche (Knacken in den Gelenken), viel oder wenig Durst, Schweißregulierung, „trockene“ Haut (feuchtigkeitsarm), salzig scharfe brennende Absonderungen, tränende, rinnende oder trockene Augen, Schlundbrennen (wenn es die Speiseröhre heraufbrennt – bes. i. d. Schwangerschaft), Geruchs- und Geschmacksverlust, Bluthochdruck, Ödeme, bei „Wasserbauch“ (österr.: „Schlabberbauch“), weil zuviel getrunken wurde, helfen einige Tabletten von der Nr. 8 hervorragend und v. a. schnell.

Biochemisches Verständnis

Dieser Mineralstoff baut im Körper u. a. die Schleimhäute auf. Diese sind auch der Speicher für den Mineralstoff. Durch zu knappe Kleidung im Winter wird sehr viel von der Nr. 8 verbraucht, um den notwendigen Temperaturausgleich durchzuführen. Zuerst werden die Vorräte im Arbeitsspeicher, also in den Flüssigkeiten des Körpers verbraucht.

Wenn diese Vorräte erschöpft sind, muss der Organismus auf seine Substanz zurückgreifen und baut Schleimhäute ab, z. B. die Nasenschleimhaut. Er löst die Natrium-chloratum-Moleküle aus ihrem Zusammenhang mit dem Schleimstoff, und dieser fällt dann als Abfall an. Das ist dann unser wässriger Schnupfen mit klarem Schleim. Sind die Schleimhäute hart und ausgetrocknet, fehlt es dann schon stark.

Reaktion

Verhärtete, ausgetrocknete Knorpel bereiten u. U. Schmerzen, wenn sie wieder lebendig werden.

Anwendung

- Innerlich,
- äußerlich als Brei bei Verbrennungen,
- äußerlich als Cremegel bei Schleimhautproblemen, bei Nasennebenhöhlen- oder Stirnhöhlenproblemen.

Fortsetzung Tabelle 10: Nr. 8 Natrium chloratum.

Mangelzeichen, Zusatzfragen Haben Sie Kopfschuppen? Knackt es in Ihren Gelenken? Haben Sie häufig Schnupfen? Haben Sie Schleimhautprobleme, z. B. dass diese sehr trocken sind? Oder Nebenhöhlen- oder Stirnhöhlenprobleme? Riechen und schmecken Sie gut oder schon nicht mehr so gut? Haben Sie viel oder wenig Durst?
Mangelursache, Mangelverstärkung – Übertriebener Kochsalzgenuss, – wenn mehr getrunken wird, als der Körper Durst meldet, – durch alle Getränke, die der Körper verdünnen muss – Kaffee, Limonaden, Bier, Wein ... (sie verursachen eine innere Austrocknung des Körpers).

2.9 Nr. 9 Natrium phosphoricum ($Na_2HPO_4x12\ H_2O$)

Tabelle 11: Nr. 9 Natrium phosphoricum.

Empfohlene Potenzierung D6

Biochemischer Zusammenhang

- Reguliert den Säure- und den Fetthaushalt,
- baut den Zucker ab.

Zwanghafte charakterliche Struktur, die zu Mängeln bei diesem Mineralstoff führt

- „Und bist du nicht willig, so brauch‘ ich Gewalt.“
  Es werden sehr viele unnötige Energien aufgewendet, andere zu ihrem „Glück“ zu zwingen. Meistens mit dem Hintergrund, dass der/die Drückende, Bedrängende nicht erträgt, dass auch nur irgendetwas anders durchgeführt wird, als er/sie es selbst für gut befindet.
- Ein in seine eigene Welt eingeschlossener Mensch, der erlebt, dass sich seine Umgebung nicht nach ihm richtet, erlebt große Existenzängste. Er wird viele Opfer bringen, um es trotzdem zu erreichen.

Zunehmende Distanzierungsfähigkeit von den Zwängen

- Von der Unmäßigkeit zur Mäßigkeit, für die entsprechende Situation das angemessene Maß an Kräften einsetzen,
- so viel wie nötig und so wenig wie möglich an Kraft einsetzen,
- von der Grobheit beziehungsweise Unangemessenheit zur Sanftmut und zur Behutsamkeit.

Es ist nicht „not-wendend“, wenn man glaubt, der Welt ununterbrochen zeigen zu müssen, wer man ist. Damit wird der Welt und den anderen Gewalt angetan. Die Anstrengung, die für diese Gewalt aufgebracht werden muss, versäuert den Menschen.
Die befreiende Einstellung zu diesem Mineralstoff heißt: „Das Leben richtet sich nicht nach dem Menschen, sondern der Mensch muss sich auf das Leben und seine Forderungen einstellen.“

Fortsetzung Tabelle 11: Nr. 9 Natrium phosphoricum.

Emotionaler Zusammenhang
Wenn sich jemand sehr schwer gegen negative Stimmungen wehren kann, ist ihm dieser Mineralstoff wahrscheinlich eine große Hilfe.

Zeichen im Gesicht
Fettglanz (stumpf) auf der Stirn, in T-Form oder im ganzen Gesicht, Fettbelag auf der Brille, senkrechte Säurefalten über der Oberlippe, Mitesser, Pickel, Akne, gerötete Kinnspitze (Säure im Unterleib), Fettbacken

Speicher im Körper
Lymphe

Wirkung, Wirkungsweise
- Kurzfristig: entsäuernd.
- Langfristig: umstimmend.

Betriebsstörung, Krankheit, Symptom
Dieses Salz reguliert die Harnsäure und macht sie für die Nieren ausscheidbar, sodass es zu keinen Ablagerungen kommt. Es reguliert den Fettstoffwechsel. Die Nr. 9 ist das Generalmittel für fast alle Erkrankungen, die dem rheumatischen Formenkreis zugeordnet oder zu den Übersäuerungskrankheiten gezählt werden. Auch wird dieser Mineralstoff mit der Neurodermitis in Zusammenhang gebracht, weil es sich hauptsächlich um ein Versäuerungsproblem (aus dem Eiweißstoffwechsel) handelt.
Sodbrennen (brennt nur im Magen „unten"), saures Aufstoßen, Gastritis, Fettsucht, Rheuma, Talgprobleme, Mitesser, Akne, geschwollene Lymphknoten, fette oder trockene Haare/Haut, chronische Mattigkeit oder Müdigkeit, Heißhunger (wenn plötzlich etwas gegessen werden muss), Hunger nach Süßigkeiten und Mehlspeisen, Kohlenhydrathunger – Brot, Knödel, Nudeln; Absonderungen des Körpers riechen sauer (Schweiß, Harn, Wundsein der Babys), Orangenhaut, Gelenkschmerzen, Steinbildung.

Fortsetzung Tabelle 11: Nr. 9 Natrium phosphoricum.

Biochemisches Verständnis Dieser Mineralstoff neutralisiert Säure, was für den Organismus ein unumgänglich notwendiger Vorgang ist. Entsteht im Körper zuviel Säure, muss der Vorrat an diesem Mineralstoff fast vollständig für diesen Vorgang verwendet werden. Dadurch bleibt der zweite wichtige Bereich, den auch dieser Mineralstoff versorgt, auf der Strecke, nämlich die Versorgung und Betreuung des Fettstoffhaushaltes im Körper (Fettdickleibigkeit durch Versäuerung ist die Folge. Viele Schadstoffe – z. B. Pestizide – werden in Fettgewebe eingelagert.). Der Organismus scheidet Fett, das er durch den Mangel an der Nr. 9 nicht mehr verarbeiten kann, über die Haut aus. Da dies zu Beginn v. a. das eher minderwertige Fett betrifft, verstopft es beim Austritt aus der Haut die ausscheidenden Talgdrüsen und lässt Mitesser entstehen. Wenn die Ausscheidung von Fett schon lange gedauert hat, entsteht eine sehr fettarme Haut, die jedoch nicht mit einer trockenen Haut (Mangel an Nr. 8) verwechselt werden darf.
Reaktion Durch die Einnahme kann es kurzfristig zu einem Sodbrennen kommen, weil der Organismus die belastende Säure in den Magen ausschüttet. Der Entlastungsvorgang kann mehrere Tage dauern.
Anwendung – Innerlich: bei allen Übersäuerungsproblemen, – äußerlich: als Cremegel bei Hautproblemen zusätzlich.
Mangelzeichen, Zusatzfragen Haben Sie Sodbrennen? Bei Antwort mit „Ja“ unbedingt weiterfragen: „Wo brennt es denn?“ Wenn es tatsächlich nur „unten“ brennt, dann ist es auch Sodbrennen, doch oft ist dies nicht der Fall. Wenn nämlich als Antwort kommt: „Es brennt so herauf!“, dann ist dies kein Sodbrennen, sondern Schlundbrennen und gehört zur Nr. 8. Wie geht es den Haaren? Sind sie fett, trocken oder normal? Hängen sie manchmal ohne Kraft herunter oder kleben fast am

Fortsetzung Tabelle 11: Nr. 9 Natrium phosphoricum.

Kopf? Wie ist die Haut, v. a. im Gesicht? Ist sie trocken, fett, oder haben Sie eine Mischhaut? Haben Sie Mitesser, Pickel? Auch am Körper? (Diese wurden durch die moderne Kosmetik schon oft aus dem Gesicht verdrängt und befinden sich manchmal am Haaransatz oder am Rücken.) Haben Sie Zeiten am Tag, an denen Sie unbedingt sofort etwas zu essen brauchen? Zeiten, an denen Ihr Energiepotential plötzlich zusammenbricht, wo Sie plötzlich „unendlich" müde werden bzw. eine bleierne, lähmende Müdigkeit empfinden?
Mangelursache, Mangelverstärkung
Einen überaus großen Einfluss auf den Säurehaushalt des Körpers hat die Ernährung! Versäuernd wirken alle Süßigkeiten, Mehlspeisen, gezuckerte Limonaden ...

2.10 Nr. 10 Natrium sulfuricum ($Na_2SO_4x10\ H_2O$)

Tabelle 12: Nr. 10 Natrium sulfuricum.

Empfohlene Potenzierung D6
Biochemischer Zusammenhang Die Leber baut mit Hilfe der Nr. 10 die anfallenden Schad- und Belastungsstoffe in ausscheidbare Stoffe um, außerdem steuert die Leber mit Hilfe dieses Mineralstoffes den Depotzucker.
Zwanghafte charakterliche Struktur, die zu Mängeln bei diesem Mineralstoff führt – Übertriebene Grundsatztreue, – Prinzipienreiterei ohne den Menschen, der darunter leidet, zu sehen, – extremes Ablehnungsverhalten verbunden mit Wut, Zorn oder Hass, weil ein Mensch anders handelt, als man es für richtig hält, – Vernichtungsabsichten. – Der Hass auf die anderen, weil sie nicht „nach der Pfeife tanzen“, erfüllt den Körper mit galligen Stoffen. (Obwohl ihnen doch alles richtig vorgebracht wird, tun sie nicht, was ihnen gesagt wird!) – Der Hass auf sich selbst, weil die Erwartungen der anderen unerfüllbar sind, obwohl soviel Bemühung dahinter steckt, erfüllt mit Gram.
Zunehmende Distanzierungsfähigkeit von den Zwängen – Von allzu festgefügten Vorstellungen und „Schubladen“ zu lebendiger Einstellung, – von der einmal gemachten Erfahrung loslassen zur Hingabe an das Leben, – weg von der Prinzipienreiterei in Richtung Originalität, – von der Versuchung, das Leben in bestimmte Formen zu pressen, zum Empfangen des Lebens bereit werden. Die Versöhnung mit dem Leben und den damit verbundenen Herausforderungen gehört mit zu den entscheidenden Grundhaltungen des Menschen

Fortsetzung Tabelle 12: Nr. 10 Natrium sulfuricum.

Die befreiende Einstellung zu diesem Mineralstoff heißt: „Der andere ist anders als ich, das gefährdet weder ihn noch mich. Ich bin anders als er und lebe daher auf meine eigene Art.“
Emotionaler Zusammenhang Das schlechte Gefühl, wodurch man sich selbst und manchem anderen etwas vergällt, wird durch Gaben dieses Mineralstoffes verringert.
Zeichen im Gesicht Grün: ums Kinn Bläulich rot: hauptsächlich der Nasenrücken, auch das ganze Gesicht, geschwollene Tränensäcke oder verschwollene Augen
Speicher im Körper Leber, Galle
Wirkung, Wirkungsweise – Rasch: akuter Schlackenstau. – Langfristig: chronische Verschlackung wie z. B. bei geschwollenen Füßen.
Betriebsstörung, Krankheit, Symptom Im Gegensatz zu Nr. 8, das die Körperzellen im richtigen Maß mit Wasser versorgt und die Gifte ausscheidbar macht, transportiert die Nr. 10 überflüssiges Wasser aus dem Körper ab. Damit ist es das Mittel für Körperentschlackung, für die Ausscheidung von Giften und somit auch ein wichtiges Unterstützungsmittel für Leber und Galle. Zudem reguliert es den Zuckerhaushalt im Körper. Verschlackung (stinkende Winde; „Was du an Anstand verlierst, gewinnst du an Gesundheit!“), Durchfall, zerschlagenes Gefühl in den Gliedern (beginnende Grippe), verschwollene Augen (v. a. am Morgen), geschwollene Tränensäcke, Vergiftungskopfschmerz (Kater), Reißen und Ziehen in den Gelenken; bei Gicht, Rheuma, Schuppenflechte oder Neurodermitis als Zusatzmittel, hohe Zuckerwerte, geschwollene Beine; reguliert die Fließfähigkeit des Blutes, indem es überflüssiges Wasser entzieht; Druck im Ohr, offene Beine oder Unterschenkelgeschwüre; Juckreiz auf der Haut, Sonnenallergie, juckende, beißende

Fortsetzung Tabelle 12: Nr. 10 Natrium sulfuricum.

Ekzeme, Urticaria (die Schlacke wird, so weit wie möglich, über die Haut ausgeschieden, da sie sehr scharf ist, juckt sie stark auf der Haut); Herpes (Cremegel!), Warzen, Muttermal.

Biochemisches Verständnis

Schadstoffe oder Giftstoffe, die der Organismus nicht bearbeiten kann, werden mit Wasser gebunden, damit die Giftstoffmoleküle ihre Schädlichkeit verlieren. Allerdings kommt es dadurch zu geschwollenen Beinen, manchmal auch Fingern und Händen, auch zur Schadstoffdickleibigkeit. Steht dem Organismus durch intensive Einnahme des Mineralstoffes Nr. 10 das Entschlackungssalz wieder zur Verfügung, kann er Schadstoffe in der Leber unschädlich machen, also chemisch abbauen. Dadurch kann die Flüssigkeit, die zur Bindung der Giftstoffe notwendig war, wieder ausgeschieden werden. Offene Beine sind für den Organismus meistens ein natürlicher Ausgang, durch den er Schlacken los wird, die er sonst nicht ausscheiden kann. Wird die Nr. 10 ausgiebig und regelmäßig genommen, wodurch die Ausscheidung dieser Stoffe besonders unterstützt wird, ist die Wahrscheinlichkeit sehr groß, dass der Organismus die Öffnungen wieder schließt, wie viele ermutigende Beispiele zeigen.

Reaktion

Durchfall, zerschlagene Glieder, beißendes Jucken, Kopfbrummen, stinkende Winde, Haarausfall.

Anwendung

- Innerlich: bei Schlackenproblemen, Schadstoffdickleibigkeit,
- äußerlich: bei oberflächlichen Problemen wie Warzen, Herpes u. ä. als Gel oder Cremegel.

Mangelzeichen, Zusatzfragen

Haben Sie geschwollene Hände oder Füße? Stinken Ihre Winde? Haben Sie eine häufig bzw. ständig juckende Haut, v. a. nach dem Duschen?

Mangelursache, Mangelverstärkung

Elektromagnetische Belastungen und Alkohol verstärken den Mangel, ebenso Zigaretten und Kaffee durch die Verbrennungsstoffe, künstl. Aromen, Farbstoffe, Weichmacher, usw.

2.11 Nr. 11 Silicea (H_2SiO_3)

Tabelle 13: Nr. 11 Silicea.

Empfohlene Potenzierung D12
Biochemischer Zusammenhang – Aufbau des Bindegewebes, – stärkt das Bindegewebe bezüglich der Brüchigkeit, – baut die Leitfähigkeit der Nerven auf.
Zwanghafte charakterliche Struktur, die zu Mängeln bei diesem Mineralstoff führt – Um jeden Preis funktionieren, – für alles zuständig sein, – Sklave des eigenen Harmoniebedürfnisses, – konfliktscheu, geht Auseinandersetzungen aus dem Weg, – lebt in einem ununterbrochenen inneren Zwiespalt, weil er **allen** gerecht werden will.
Zunehmende Distanzierungsfähigkeit von den Zwängen – Vom Gefühl, für alles zuständig zu sein, zur Erkenntnis, was in den eigenen Möglichkeiten liegt. – Mehr als die eigenen Möglichkeiten kann man nicht leben. Dadurch sind klare Grenzen gesetzt. – Sich nicht überfordern, aber auch nicht hinter den eigenen Möglichkeiten zurückbleiben. – Leben ist die Kunst des Möglichen. – In Verbindung mit der Welt und den Menschen lassen sich viele wertvolle Haltungen ausbilden. Die befreiende Einstellung zu diesem Mineralstoff heißt: „Du kannst nur dein eigenes Leben leben. Darin liegt die ganze Verantwortung.“
Emotionaler Zusammenhang Wenn die Nerven „bloß“liegen, hilft Silicea („Nerverl“, Nervenbündel).

Fortsetzung Tabelle 13: Nr. 11 Silicea.

Zeichen im Gesicht Glasurglanz, v. a. auf der Stirn oder Nase Lidhöhlen, Krähenfüße, Falten vor dem Ohr
Speicher im Körper Bindegewebe, Knochen, Haut
Wirkung, Wirkungsweise – Bindet Harnsäure in komplexen Strukturen. – Langfristig: umstimmend. In Verbindung mit der Nr. 9 Natrium phosphoricum für geschlossene Eiterherde zuständig.
Betriebsstörung, Krankheit, Symptom In sämtlichen Zellen des menschlichen Körpers finden sich hohe Anteile an Kieselsäure. Sie ist hauptverantwortlich für das Bindegewebe bzgl. der Brüchigkeit des Gewebes, v. a. zu erkennen an Haut, Haaren und Nägeln. Die Haut ist eines der wichtigsten Ausscheidungsorgane des Körpers und daher ein zuverlässiger Spiegel unseres Gesundheitszustandes. Silicea reguliert die Leitfähigkeit der Nervenbahnen. Bindegewebsschwäche, Licht- und Geräuschempfindlichkeit, Zucken der Lider oder Mundwinkel, schlechte Haare oder gespaltene Haarspitzen, Nägel (brüchig oder lösen sich in Schichten auf), Ischiasschmerzen, Rheuma, stinkender Schweiß (Fußschweiß), Dehnungsstreifen, Schwangerschaftsrisse, Neigung zu blauen Flecken (Brüchigkeit der Aderwände), Ohrgeräusche: pfeifend durch sklerotisch verengte Adern (Nr. 9 + Nr. 11), Leistenbruch (manchmal ist eine Operation notwendig!).
Biochemisches Verständnis Einen wesentlichen Vorgang in unserem Körper stellt die Neutralisierung der Säuren dar. Da wir leider gewöhnlich sehr übersäuert sind, reicht meistens der Vorrat an Nr. 9 nicht aus, um alle Säure zu neutralisieren und abzubauen. Im Notfall muss der Organismus daher auf ein Notprogramm zurückgreifen:

Fortsetzung Tabelle 13: Nr. 11 Silicea.

Er lässt die Säure kristallisieren und lagert die Kristalle im Gewebe ab, wo sie dann große Schmerzen erzeugen. Die Säure braucht zur Kristallisation ein Molekül: Kieselsäure. Natürlich fehlen die Kieselsäuremoleküle dadurch an anderen Stellen im Körper. Um diese Kristalle wieder zu lösen, ist es notwendig, die Nrn. 9 +11 zu nehmen. Meistens haben Menschen, die unter großen gesundheitlichen Belastungen leben müssen, einen schlechten Haarwuchs. Das Haar ist nicht kräftig und hängt kraftlos am Kopf. Werden die Mineralstoffe nach Dr. Schüßler konsequent genommen, die Nr. 11 eingeschlossen, geschieht es häufig, dass das Haar wieder kräftiger wird. Dies wird dann auch dem Therapeuten mit Freude berichtet. Immer häufiger werden die Mineralstoffberater mit dem Problem der übergroßen Lichtempfindlichkeit konfrontiert. Die Betroffenen können ohne Sonnenbrille kaum noch leben. Sie setzen sie bereits auf, wenn für die sie umgebenden Menschen gar keine stärkere Belastung durch zu helles Licht festzustellen ist. Für den Berater ist das ein ganz klarer Fall eines Mangels an Nr. 11. Es hängt allerdings noch von den übrigen Mängeln ab, wie lange es dauert, bis diese Empfindlichkeit zurückgeht und der belastete Mensch nicht mehr sklavisch an seine Sonnenbrille gekettet ist.
Reaktion Verstärktes Schwitzen mit u. U. unangenehmem Geruch, Schweißhände, Schweißfüße.
Anwendung – Innerlich: zur Stärkung des Bindegewebes, – äußerlich: als Brei bei Blutergüssen, – als Cremegel oder Salbe bei Faltenbildung („Verjüngungsmittel").
Mangelzeichen, Zusatzfragen Der Schweiß sollte nicht unterbunden werden, da sich sonst Nierensteine bilden können.

Fortsetzung Tabelle 13: Nr. 11 Silicea.

Wie geht es Ihren Haaren und Ihren Nägeln? Haben Sie eine Bindegewebsschwäche? Haben Sie leicht blaue Flecken? Sind Sie lichtempfindlich? Schwitzen Sie leicht? Stinkt Ihr Schweiß, ist er unangenehm, sodass Sie sich öfter duschen müssen?
Mangelursache, Mangelverstärkung Nervliche Belastungen, Stress, übersteigertes Harmoniebedürfnis.

2.12 Nr. 12 Calcium sulfuricum ($CaSO_4 x 2 H_2O$)

Tabelle 14: Nr. 12 Calcium sulfuricum.

Empfohlene Potenzierung D6
Biochemischer Zusammenhang – Betriebsstoff für die Durchlässigkeit des Gewebes, – chronische, offene Eiterungen.
Zwanghafte charakterliche Struktur, die zu Mängeln bei diesem Mineralstoff führt – Gestörtes Verhältnis zwischen Innen- und Außenwelt, – ist nur bei den anderen und nie bei sich, – verliert sich in der Welt oder – ist nur bei sich und nie beim anderen, nie in der Welt, – verliert die Welt aus den Augen und erstickt im „eigenen Saft“ – Mittel für Übersäuerung (Gicht, Rheuma).
Zunehmende Distanzierungsfähigkeit von den Zwängen – Von der Angst um sich selbst unterwegs zur Zuwendung zum anderen, – von der sich verschließenden Abgrenzung zur geöffneten Abgrenzung, – es geht um die Auswahl der Menschen, mit denen man zusammensein kann und auch will, – jemanden auf sich zukommen lassen können, – sich beschenken lassen können, auch von den eigenen Erfahrungen, – aber an keiner festhalten, damit wieder neue möglich sind. Die befreiende Einstellung zu diesem Mineralstoff heißt: „Die Verkapselung hat ihre Ursache in der Angst um sich selbst, die totale Offenheit in der Angst um den anderen. • Nimmt die Angst um das eigene Leben ab, kann sich die Zuwendung auf den anderen hin immer öfter ereignen. Damit wird es möglich, sich auf den anderen einzulassen. • Nimmt die Angst um den anderen ab, nimmt der Mut, zum eigenen Leben zu stehen, zu. Das Vertrauen ins eigene Leben wird stärker; der Mut, sich auf dieses einzulassen, wächst.“

Fortsetzung Tabelle 14: Nr. 12 Calcium sulfuricum.

Emotionaler Zusammenhang
Angst um sich selbst / um den anderen / um die Verbindung verringert sich durch die Nr. 12.

Zeichen im Gesicht
Alabasterweiß

Speicher im Körper
Knochen

Wirkung, Wirkungsweise
- Überraschend schnell bei offenen Eiterungen wie z. B. eitriger Angina,
- beim Abtransport: Aphthenwasser, nässende Ekzeme,
- langsamer bei Übersäuerungsproblemen – der Säurestau (Säurepanzer) muss aufgelöst werden.

Betriebsstörung, Krankheit, Symptom
Dieser Mineralstoff, der hauptsächlich in Leber, Galle und den Muskeln vorkommt, wirkt schleimlösend und ausscheidungsfördernd.
Anwendung bei: Stockschnupfen, eitriger Mandel- und Halsentzündung, chronischer Bronchitis, eitriger Mittelohrentzündung, Zahnfleischentzündung, Abszess, Eiterfistel, Rheuma, Gicht und chronischen Eiterungen, aufgetriebenen Entzündungen, Knochen oder Knorpel (Gicht), Schock, Säurestarre, gestaute Flüssigkeiten im Körper.

Reaktion
Keine

Anwendung
- Innerlich: bei Säureproblemen,
- äußerlich: als Brei, Cremegel oder Salbe.

Mangelursache, Mangelverstärkung
Übersäuerungsprobleme
Kontaktschwierigkeiten, blockierende Einsamkeit

3 Die 12 Erweiterungsmittel in einer kurzen Übersicht

Tabelle 15: Die 12 Erweiterungsmittel in einer kurzen Übersicht.

Nr.	Name	Empf. Potenz	chemische Formel	Hauptanwendungsgebiet
Nr. 13	Kalium arsenicosum, Kaliumarsenit	D 12	K_3AsO_2	Haut, Schwächezustände, Abmagerung
Nr. 14	Kalium bromatum, Kaliumbromid	D 12	KBr	Haut und Nervensystem, Beruhigungsmittel
Nr. 15	Kalium jodatum, Kaliumjodid, Jodkalium	D 12	KJ	Schilddrüsenmittel
Nr. 16	Lithium chloratum, Lithiumchlorid, Chlorlithium	D 12	LiCl	gichtisch, rheumatische Erkrankungen, schwere nervliche Belastungen
Nr. 17	Manganum sulfuricum, Mangansulfat	D 12	$MnSO_4$ x$5H_2O$	fördert die Aufnahme von Eisen im Körper
Nr. 18	Calcium sulfuratum, Kalziumsulfid	D 12	CaS	Erschöpfungszustände mit Gewichtsverlust
Nr. 19	Cuprum arsenicosum, Kupferarsenit	D 12	$Cu_3(AsO_3)_2$	kolikartige Schmerzen, Nierenleiden, Krämpfe, Epilepsie
Nr. 20	Kalium-Aluminium sulfuricum, Kalium-Aluminiumsulfat	D 12	$AlK(SO_4)_2$ x$12H_2O$	Blähungskoliken, belastetes Nervensystem
Nr. 21	Zincum chloratum, Zinkchlorid	D 12	$ZnCl_2$	belasteter Stoffwechsel, Diabetes, Nervenkrankheiten
Nr. 22	Calcium carbonicum, Kalziumkarbonat	D 12	$CaCO_3$	Erschöpfungszustände, frühzeitiges Altern
Nr. 23	Natrium bicarbonicum, Natriumbikarbonat, Natron	D 12	$NaHCO_3$	Säureüberladung, Schlackenausscheidung
Nr. 24	Arsenum jodatum, Arsentrijodid	D 12	AsJ_3	Haut: nässende Ekzeme, jugendliche Akne Lungenerkrankungen

Zwei dieser Erweiterungsmittel haben für uns besondere Bedeutung bekommen:

3.1 Nr. 15 Kalium jodatum, KJ

Tabelle 16: Nr. 15 Kalium jodatum.

Empfohlene Potenzierung D12
Biochemischer Zusammenhang ist „der" Betriebsstoff für die Schilddrüse
Zwanghafte charakterliche Struktur, die zu Mängeln bei diesem Mineralstoff führt – Fühlt sich von allen unter Druck gesetzt, – will allen Anforderungen gerecht werden, – hat zu hohe moralische Forderungen – es ist „nie genug".
Zunehmende Distanzierungsfähigkeit von den Zwängen Ohne Druck geht alles viel leichter; den Blick auf das richten, worum es geht; wenn man sich von anderen unter Druck gesetzt fühlt, „spielt" man selbst mit; von einer idealistischen Lebensbetrachtung zu einer dem Leben angemessenen Einstellung. Die befreiende Einstellung zu diesem Mineralstoff heißt: „Ich muss nicht mehr Erwartungen erfüllen, als ich erfüllen kann!"
Emotionaler Zusammenhang Bei Neigung zu niedergedrückter, weinerlicher, fast depressiver Stimmung sollte man auch an diesen Mineralstoff denken.
Zeichen Druck am Hals; unentwegtes, krampfhaftes Räuspern
Speicher im Körper Schilddrüse
Wirkung, Wirkungsweise Wirkt rasch: erleichternd, entspannend, entkrampfend, – langfristig: befreiend,

Fortsetzung Tabelle 16: Nr. 15 Kalium jodatum.

– Umstimmung in Richtung Lebensbejahung, – emotionale Beruhigung.
Betriebsstörung, Krankheit, Symptom Es ist in fast allen Zellen des Körpers enthalten, vor allem in der Schilddrüse, in Leber, Milz, Nieren, Magen, Haut, Haaren und in den Nägeln. Es beeinflusst die Blutzusammensetzung, dämpft erhöhten Blutdruck, dient der Anregung der Herz- und Hirntätigkeit, fördert den Appetit und die Verdauung. Wegen seines Jodgehaltes ist Kalium jodatum ein geeignetes Mittel zur Behandlung von Schilddrüsenstörungen. Es wird des weiteren bei Arteriosklerose und rheumatischen Gelenkschwellungen angewendet. Es ist „das" Schilddrüsenmittel. Chronisches, auch krampfhaftes Räuspern (als ob etwas im Halse stecken würde), Druck am Hals (kann sich bis zu Würgegefühlen steigern), Kropf (geht bei längerer, konsequenter Einnahme unter Umständen zurück), Herzrasen, hektisch, niedergedrückt, innere Unruhe, „jammern und klagen", Schweißausbrüche, Schwindelgefühle, besondere Erregbarkeit. Könnte zur Begleittherapie eingesetzt werden, wenn die Schilddrüse, z. B. durch hohe radioaktive Belastung, in ihrer Funktion gestört wurde.
Reaktion Die Beschwerden der Schilddrüse können kurzfristig aufflackern.
Anwendung Innerlich
Mangelzeichen, Zusatzfragen Haben Sie einen Druck am Hals? Müssen Sie sich öfter räuspern? Menschen, die mit ihren medizinischen Schilddrüsenmitteln Probleme haben, können versuchen, diese vorsichtig durch die Nr. 15 ganz oder teilweise zu ersetzen.
Mangelursache, Mangelverstärkung Jodiertes Salz kann eine Belastung darstellen, eine lang andauernde Stressbelastung.

3.2 Nr. 22 Calcium carbonicum, $CaCO_3$

Tabelle 17: Nr. 22 Calcium carbonicum.

Empfohlene Potenzierung D12
Biochemischer Zusammenhang Ein gutes Konstitutionsmittel für den Aufbau des Körpers überhaupt.
Zwanghafte charakterliche Struktur, die zu Mängeln bei diesem Mineralstoff führt „Wo ein Wille, da ein Weg!" Wer diesen Grundsatz stur bzw. konsequent lebt, wird die eigenen Lebensgrundlagen überfordern, rücksichtsloses Leben der gewollten Ziele; der Wille kippt in die sture Entschlossenheit, wenn nicht gar Verbissenheit.
Zunehmende Distanzierungsfähigkeit von den Zwängen Von einer rücksichtslosen Ausbeutung der eigenen Lebensgrundlagen zu einem behutsamen Umgang damit. Von der großen Abhängigkeit von der Wirkung auf andere zu einer vertrauensvollen Haltung in den eigenen Wert. Von massiven, eingefahrenen Wegen, von den Autobahnen des Lebens, loskommen in Richtung zu feinen, verzweigten Verästelungen des Lebens. Keine „vorgezeichneten", vorformulierten Vorstellungen vom Leben verwirklichen, sondern immer wieder in jeder Situation neu, angemessen entscheiden. „Der Weg entsteht beim Gehen!" (Oswald Sprenger).
Emotionaler Zusammenhang Wenn ich nicht mehr leben kann, was ich will, lebe ich nicht mehr richtig.
Zeichen im Gesicht Schlupflider, frühzeitiges Altern (wenn das biologische Alter mit dem Lebensalter nicht übereinstimmt: wenn jemand älter aussieht, als er ist)
Speicher im Körper Knochen

Fortsetzung Tabelle 17: Nr. 22 Calcium carbonicum.

Wirkung, Wirkungsweise langsam, aber anhaltend
Betriebsstörung, Krankheit, Symptom Es wird bei frühzeitigem Altern verwendet, bei chronischen Schleimhautkatarrhen der Augen, Ohren und Luftwege sowie bei Lymphdrüsenschwellungen, Kindermittel. Es wirkt sehr langsam, aber anhaltend.
Reaktion Stärkung
Anwendung Innerlich
Mangelzeichen, Zusatzfragen Sind Sie ein Mensch, der leicht dazu neigt, seine körperlichen Grenzen zu überschreiten? Der vom Charakter her wenig bis gar keine Rücksicht auf seine begrenzten körperlichen Möglichkeiten nimmt?
Mangelursache, Mangelverstärkung Bei schweren Erschöpfungszuständen; wenn sich jemand aufgrund seiner seelischen „Programmierung" dauernd selbst überfordert und auspumpt. Auch das Leben im Gebirge scheint diesen Mineralstoff im Körper zu erschöpfen.

4 Innerliche Anwendung – Einnahme

4.1 Dosierung

In **akuten** Fällen alle 3–5 Minuten eine Tablette im Mund zergehen lassen.

Bei **chronischen** Erkrankungen 7–10 Stück am Tag und in allen **übrigen Fällen** alle zwei Stunden eine Tablette im Mund zergehen lassen.

Die Mineralstoffe nach Dr. Schüßler können schon ab dem Säuglingsalter verabreicht werden (auflösen und den Brei in den Mund geben, evtl. auch ins Fläschchen – dabei wird allerdings die Wirkung abgeschwächt).

Grundsätzlich können nie zu viele Mineralstoffe nach Dr. Schüßler genommen werden. Einzig der mit eingenommene Milchzucker kann einen leichten Einfluss auf die Verdauung haben. Nur ganz wenige Menschen vertragen den Milchzucker nicht. Diese sollten ihn meiden und dann eine Einnahmeart (⇨ Einnahmemöglichkeiten) wählen, bei der sie den Milchzucker weitgehend vermeiden können.

4.2 Einnahmemöglichkeiten

Wenn Mineralstoffe nach Dr. Schüßler eingenommen werden, können diese grundsätzlich alle untereinander gemischt und so dem Körper zugeführt werden.

Wir dürfen dem Organismus vertrauen, dass er die einzelnen Mineralstoffe unterscheiden kann und sie entsprechend ihren Möglichkeiten einsetzt.

Die Mineralstoffe werden, jeweils in der empfohlenen Stückzahl, in einer (kleinen) Schale gut durchgemischt und über den Tag verteilt eingenommen. Eine Einnahme in einer bestimmten Reihenfolge oder gar nach bestimmten Uhrzeiten ist nicht erforderlich. Es geht um die Versorgung des Körpers und der entsprechenden Speicher mit den notwendigen Betriebsstoffen.

- Am besten lässt man die Mineralstofftabletten einzeln im Mund zergehen.
- Es können auch mehrere Tabletten auf einmal in den Mund genommen werden.
- Die Mineralstoffe können auch im Wasser aufgelöst und schluckweise eingenommen werden, wobei jeder Schluck möglichst lang im Mund behalten werden sollte. (⇨ Kap. 4.2.1)

  Die Mineralstoffe sollten nicht mit Metallgegenständen in Berührung kommen, also nur mit einem Keramik- oder Plastiklöffel umrühren bzw. einnehmen.
- **Je dringender der Organismus die einzelnen Mineralstoffe benötigt, umso schneller zergehen sie, oder umso süßer schmecken sie, oder es kommt sogar beides zusammen.** Will man das beobachten, müssen natürlich alle Sorten vom gleichen Hersteller sein.

Grundsätzlich ist die Dosierung und Einnahmeart individuell vorzunehmen, jedoch sind Mengen von 5–10 Stück von einem Mineralstoff durchaus üblich, sodass in einer Verordnung ohne weiteres insgesamt 50–100 Tabletten (!) pro Tag eingenommen werden können.

4.2.1 Die Tabletten werden aufgelöst

Die Mineralstoffe können auch in Wasser aufgelöst eingenommen werden. Bitte verwenden Sie dafür ausschließlich stilles Wasser oder Leitungswasser und kein Mineralwasser! Sollte das Leitungswasser nicht trinkbar sein, das Wasser am besten abkochen.

Gibt man die Mineralstofftabletten in das Wasser, gehen die Wirkstoffe in das Wasser über und werden dann über die Mundschleimhaut in den Körper resorbiert. Für eine bessere Wirkung sollte man daher jeden Schluck so lange wie möglich im Mund behalten.

Wichtig ist auch, dass Sie nicht mit einem Metallgegenstand umrühren. Dieser leitet sehr viel von der heilenden Energie ab (Keramik oder Holz).

Der Milchzucker, der als Satz am Boden liegen bleibt, muss nicht unbedingt eingenommen werden. (Er ist allerdings verdauungsfördernd und deshalb für jene sehr wertvoll, die an Verstopfung leiden.)

4.2.2 Wichtiger Hinweis für Diabetiker!

Wenn Diabetiker die Mineralstoffe nehmen, dann muss der Milchzucker berücksichtigt werden, in den die Mineralstoffe eingearbeitet sind.

1 Broteinheit = 12 g Kohlenhydrat = 48 Tabletten nach Dr. Schüßler. Bei Laktoseunverträglichkeit ⇨ Seite 25.

Um den Milchzuckergehalt zu reduzieren, gibt man zuerst kaltes Wasser in ein Glas und dann, ohne umzurühren, die Mineralstoffe dazu. Die Wirkstoffe gehen innerhalb von wenigen Minuten von selbst in das Wasser über und können nun schluckweise eingenommen werden. Es sollte auf keinen Fall mehr umgerührt werden.

Gerade Diabetiker brauchen die Mineralstoffe dringend, weil ihr Körper durch die Krankheit unter großer Belastung steht. Wie die Erfahrung zeigt, stärken sie sehr gut die Widerstandskraft, sodass es nicht mehr so häufig zu Krankheiten kommt und auch die Stoffwechselprobleme geringer werden.

4.3 Reaktionen auf die Einnahme

Als Therapeut wissen Sie, dass es nach Beginn der Einnahme zu Reaktionen kommen kann. Eine kurze Einführung des Patienten in diesen Zusammenhang erscheint von großer Bedeutung, um einem Zurückschrecken vorzubeugen. Es wäre schade, wenn der Patient aus Unwissenheit über diese Möglichkeit die Einnahme beendet, weil er glaubt, die Krankheit verschlechtere sich.

4.3.1 Die Sprache des Körpers

Abgesehen von den körperlichen Reaktionen, kann es bei der Einnahme am Anfang zu einem starken psychischen Bedürfnis nach den Mineralstoffen kommen, das bis zu einer Art *Sucht* „ausarten" kann. Gerade dieses erste starke Bedürfnis des Körpers, der nun spürt, dass er bekommt, was er braucht, zeigt an, wie stark der Mangel war.

Manche Patienten bekommen indes Angst vor einer Sucht, vor einer Abhängigkeit, die sie evtl. nicht mehr in den Griff bekommen könnten. Als Therapeut kann man sie dahingehend beruhigen, dass bei den Schüßler-Salzen keine Suchtgefahr besteht und dass sie Vertrauen in ihren eigenen Körper haben sollten: Das ungewohnt starke Bedürfnis wird verschwinden, sobald der Mangel aufgefüllt ist! Darüber hinaus dürften sie nicht nur den Mut zeigen, zu ihren eigenen Empfindungen zu stehen, sondern sogar die Dosis bei Bedarf von sich aus zu erhöhen.

Sollte bei der Empfehlung ein Mineralstoff übersehen werden, kann es sein, dass der Organismus dann nach diesem

„schreit“ und sich die entsprechenden Mangelzeichen dann besonders zeigen!

Was ist, wenn sich der erwünschte Erfolg nicht unmittelbar einstellt?

Es kann sein, dass sich bei der Einnahme von Mineralstoffen nach Dr. Schüßler nicht sofort der gewünschte Erfolg einstellt.

- Es waren eben dann noch andere nicht sichtbare oder spürbare Probleme vorhanden,
- die weitere Auffüllung des Speichers für den Organismus war vordringlicher.

Der Patient erlebt in der Regel folgende Stufen:

- Am Anfang der Einnahme entsteht, wenn die Mineralstoffe nach Dr. Schüßler nicht genommen werden, das Gefühl, „es fehle einem etwas“.
- Im Verlauf der weiteren Einnahme ist es leicht möglich, dass die Tabletten vergessen werden oder gar eine Ablehnung aufgebaut wird. **Diesem Gefühl ist unbedingt nachzugeben.**
  Die Einnahme darf nicht entsprechend der empfohlenen Menge „durchgezogen“ werden.
  Das Gefühl der Ablehnung zeigt nämlich, dass etwas nicht mehr stimmig ist.

Es gibt mehrere mögliche Gründe für eine Ablehnung:

- Die Menge ist zu groß und muss reduziert werden, um ein Drittel, auf die Hälfte oder gar noch mehr.
- Die Zusammenstellung stimmt nicht mehr und macht eine neue Antlitzanalyse oder andere Bedarfserstellung notwendig.

- Es ist Zeit für eine Pause, wenn die Tabletten „zum Halse herauskommen“ (österr.: „einem so heraufstehen“) und der Widerstand sehr groß ist.

4.3.2 Einnahmedauer: Das Auffüllen der Speicher

Wie lange soll man die Mineralstoffe einnehmen, wenn es zu keiner spürbaren Ablehnung kommt?

Grundsätzlich sind die meisten Menschen so eingestellt, dass sie bereits zufrieden sind, wenn die Symptome verschwinden. Die Beschwerden oder Krankheiten, die über die Mineralstoffe nach Dr. Schüßler zu beeinflussen sind, entstehen aus einem Mangel an eben diesen Stoffen. Wenn durch die Einnahme das Verschwinden der Symptome erreicht wurde, sind die Speicher im Körper allerdings noch lange nicht ausreichend aufgefüllt, und die Krankheit kommt bei der geringsten Belastung zurück. Oft wird dann vorwurfsvoll behauptet, dass die Mineralstoffe „ja auch nicht viel geholfen hätten“, denn sonst wäre man nicht wieder so schnell krank geworden. In Wirklichkeit jedoch hat der-/diejenige sie viel zu kurze Zeit genommen.

Nach dem Verschwinden der Symptome geht es um die Auffüllung der körpereigenen Speicher. Diese sind der Puffer im Falle außergewöhnlicher Belastungen, bei de-

Eine gute Gesundheitsvorsorge muss sich um den Aufbau der Substanz, der Widerstandskraft, also um das **Auffüllen der Mineralstoffspeicher im Körper**, kümmern. Dies kann Wochen, Monate oder sogar Jahre dauern, je nachdem, wie „ausgebrannt“ oder „verbraucht“ man ist.

nen der Körper auf sie zurückgreift. Zwar geht ihnen dies „an die Substanz", aber das ist ja gerade ihre Aufgabe. Wer laufend viel leisten muss, also einen großen Verschleiß an Betriebsstoffen erleidet, sollte die Mineralstoffe ständig nehmen, damit der Körper nicht auf die Reserven (Mineralstoffspeicher) zurückgreifen muss. **Wer den laufenden Bedarf nicht deckt, schafft Hypotheken für die Zukunft.** Diese Schulden müssen irgendwann einmal eingelöst werden, indem sie entweder zu einer Krankheit führen, in der sich der Mensch im Bett ausruhen muss, oder es kommt zu einem chronischen Leiden, das dann nicht mehr so leicht zu beheben ist.

4.3.3 Zur Erklärung für den Patienten

Häufig zeigen Menschen mehr oder weniger starke Reaktionen auf (Therapie-)Maßnahmen, die eine Verbesserung ihrer gesundheitlichen Situation erreichen wollen. Nicht immer werden diese als Rückmeldungen des Körpers, dass die Therapie anschlägt, angesehen und positiv aufgenommen. Möglich ist sogar, dass jemand vor den Reaktionen so zurückschreckt, dass er lieber wieder in die alte, gewohnte (aber krank machende) Situation zurückkehrt. In unserer Praxis gilt dies neben der Einnahme von Schüßler-Salzen v. a. auch für die von uns häufig empfohlene Veränderung des Schlafplatzes, die Montage eines Netzfreischaltgerätes oder aber das Entfernen von Spiegeln. Auch seelische Blockaden werden natürlich nicht immer leicht aufgearbeitet.

Warum kommt es überhaupt zu Reaktionen?

Der Körper wird belastet

Unser Körper hält das Leben unter allen Umständen und Belastungen so lange aufrecht wie es ihm möglich ist. Die

Belastungen verhindern aber eine volle Lebendigkeit, denn es müssen Abstriche von den Lebensmöglichkeiten gemacht werden. Diese Abstriche werden nach einer Rangordnung durchgeführt, die die Aufrechterhaltung des Lebens so lange wie möglich gewährleisten soll. Es werden also z. B. zuerst die Haare, Nägel, Zähne oder Knochen nicht mehr optimal versorgt (Mängel) oder aber Beschädigungen nicht mehr regeneriert. Sie bleiben bestehen, weil der Körper zu wenig Baustoffe oder zu wenig Energie hat, die Probleme anzugehen. (⇨ Kap. 1.2, S. 14)

Wenn dann eine Betriebsstörung im Organismus auftritt, ist sie unserem üblichen Lebenslauf normalerweise „im Weg", und sie wird weggedrückt, verdrängt. So wird ein evtl. auftretender Schmerz häufig sofort mit einem Schmerzmittel unterdrückt, oder auftretendes Fieber durch die unmittelbare Gabe von Antibiotika verhindert. Durch diese Maßnahme erfolgt mittels Fermentblockade usw. tatsächlich eine schlagartige, wenn auch scheinbare Heilung – aber zugleich eine Unterdrückung und Verhinderung des Erkennens der wahren Ursachen und zugleich auch eine Verhinderung der Ausscheidung aller Gift- und Krankheitsstoffe. Alle Krankheiten, die nicht ausgeheilt werden, werden damit in den Körper buchstäblich „hineingedrückt".

Am Anfang ist der Entgiftungsapparat im Körper solchen Belastungen noch gewachsen. Sie kosten aber viel Kraft. Man denke nur an die noch wochenlange Erschöpfung nach der Einnahme von schweren Medikamenten. Doch wenn der Entgiftungsapparat erschöpft ist, kann er die Belastungsstoffe nicht mehr ausscheiden. Wenn der Mensch zusätzlich durch einen schlechten Schlafplatz belastet ist, dann ist der Stau von Gift-, Ermüdungs- und Belastungsstoffen noch größer.

Nach einer oder mehreren Nächten auf einem schlechten Platz stellt sich das Gefühl des Immer-müde-Seins ein, bleibt erhalten und wird, je länger die Belastung anhält, nur immer schlimmer. Auf einem schlechten Schlafplatz kann der Organismus die notwendige Entgiftung und Entschlackung nicht durchführen.

Die Entgiftung und Entschlackung ist lebensnotwendig!
Diese Stoffe müssen aber aus dem Blut, aus der Lymphe und aus der Gewebsflüssigkeit entfernt werden. Und der einzige Platz, der dann noch offen ist, das sind die Körperzellen. Diese werden also Schicht für Schicht belastet. Die Giftstoffe lagern sich im Innern der Zelle nach und nach ab und verursachen damit eine Schädigung des Abwehrsystems, bis „nichts mehr geht".

Wenn der Körper vollgepumpt ist mit Medikamenten, Krankheits- und Belastungsstoffen, kommt es zu den bekannten Beschwerden wie Medikamentenallergie, Überreaktionen auf schon ganz kleine Mengen von manchen Nahrungsmitteln, Bewegungsunfähigkeit oder im allgemeinen zu chronischem Leiden.

Der Umschwung wird eingeleitet
Die Einnahme der Mineralstoffe (häufig in Begleitung anderer Maßnahmen) setzt im Körper Prozesse der Entschlackung im Sinne von Heilung in Gang. Alle Stoffe, die entgiftet werden müssen, werden ausgeschieden, die schadhaften Stellen werden „repariert". Natürlich verbrauchen diese Vorgänge auf der körperlichen Ebene viele Mineralstoffe.

- Im besonderen viel Nr. 3 Ferrum phosphoricum, was zu einer leicht erhöhten Temperatur führt;
- viel Nr. 8 Natrium chloratum, was den Schnupfen hervorruft
- und v. a. viel Drüsenbetriebsstoff, Nr. 4 Kalium chloratum, was einen schleimigen Husten zur Folge haben kann.

Das ist der erste Teil der Reaktionen, nach denen es einem dann eine kurze Zeit ganz gut geht.

Alte Schulden müssen eingelöst werden

Dann werden die in den Körperzellen zurück- bzw. aufgestauten Stoffe in Bewegung versetzt. Die Giftstoffe können jetzt abgebaut werden, da sie nun frei beweglich und dem Stoffwechsel des Körpers wieder zugänglich sind. Alte Beschwerden und Belastungen, auch Verletzungen und Krankheiten kommen dabei evtl. noch einmal zum Vorschein.

Unter Umständen entsteht sogar der Eindruck, dass eine alte Krankheit wieder zurückkäme, denn man fühlt sich unter Umständen so krank wie zu der Zeit als man die Krankheit tatsächlich hatte. Symptome der Krankheit oder die Gefühle, die diese begleiteten, plagen einen plötzlich wieder. Allerdings nicht mehr so schlimm wie zur Zeit der Belastung selbst, und sie hören ohne besondere Einflussnahme wieder auf.

Man denke in diesem Zusammenhang etwa an die Probleme, wenn jemand das Rauchen beendet. Mit wie vielen Problemen hat er zuerst zu kämpfen, auch gesundheitlichen, obwohl er für seinen Körper etwas Gutes tut.

Der Abbau tiefer liegender Schichten erfolgt im „Krebsgang". Die jüngsten Schichten kommen zuerst dran und danach immer ältere. Diese Vorgänge können ziemlich lange dauern. Zwischen den Reinigungen tritt immer wieder eine Pause ein, was den Menschen sich ein bisschen erholen lässt. Die Energie „schiebt" und lässt dann wieder locker. Das ist immer wieder zu beobachten und ist auch das Kennzeichen für eine Reaktion.

5 Äußere Anwendung

5.1 Hinweis

Durch die Fülle der Anwendungsmöglichkeiten kann der Fachmann für die jeweiligen Probleme eine individuelle Therapie zusammenstellen. Bei einigen Beschwerden hat es sich bewährt, sofort mit der äußeren Behandlung zu beginnen, oft empfiehlt sich eine Kombination der verschiedenen Möglichkeiten.

Es hat sich z. B. gezeigt, dass in akuten Fällen, zusätzlich zur Einnahme, eine äußerliche Behandlung unterstützend wirkt. Bei Säuglingen und Kindern kann manchmal die äußere Anwendung die innere ersetzen.

Im Repertorium haben wir jeweils darauf hingewiesen.

5.2 Bäder

Bei entsprechenden Beschwerden sind die dafür notwendigen Mineralstoffe im Badewasser aufzulösen, wobei von jeder Nummer 10–20 Tabletten genommen werden. Die zu wählenden Mineralstoffe können entweder dem Anwendungsteil entnommen, oder aufgrund der Beschäftigung mit den einzelnen Mineralstoffen ausgesucht werden.

Wir unterscheiden zwischen dem

- **Ganzbad**
  Zu beachten ist, dass die Wassertemperatur unter der Körpertemperatur liegt.
- **Fußbad**
  Gemeint ist dabei das Eintauchen der Füße in die Mineralstofflösung. Dieses Bad kann jedoch auch auf den ganzen Unterschenkel ausgedehnt werden.

- **Handbad**
  Werden nur die Hände in die Mineralstofflösung getaucht, wie zum Beispiel bei Ausschlägen, rissigen oder wunden Händen, genügt es, eine kleine Schüssel zu nehmen.

Im Allgemeinen werden für Hand- wie für Fußbäder 15–20 Tabletten in warmem Wasser aufgelöst. Das Bad soll nicht länger als 10 Minuten dauern.

5.2.1 Waschungen

Oft ist es einem Kranken nicht möglich, in die Badewanne zu kommen oder sich zum Fußbad aufzusetzen. Die benötigten Mineralstoffe werden dann in einer vorbereiteten Waschschüssel aufgelöst.

5.3 Das Auflegen von Mineralstoffen

Werden die Mineralstoffe aufgelöst, lassen sie sich wunderbar über die Haut von außen dem Körper zuführen. Dabei ist immer zu bedenken, dass die Salben wesentlich weniger Wirkstoffe enthalten als die Tabletten. So ist bei einem großen Bedarf das direkte Auflegen vorzuziehen.

Dabei unterscheiden wir zwei Arten:

- Auflegen von Tupfern, Mullbinden oder Tüchern (Wickel), die alleine mit dem wirkstoffhaltigen Wasser getränkt sind.
- Auflegen von aufgelösten Tabletten in Breiform: bei frischen Verletzungen (wenn sie zu groß sind, die ärztliche Versorgung beanspruchen!)

Der Milchzucker wirkt insofern positiv, als er Wasser entzieht und dadurch eine leicht desinfizierende Wirkung hat. Sollte sich jemand scheuen, den Milchzucker auf Verletzungen aufzutragen, kann er die Lösung alleine auflegen. Auf jeden Fall ist es einen Versuch wert und kann bei kleinen Verletzungen versucht werden.

Tipp: Über den aufgelegten Brei ist eine Frischhaltefolie zu geben, damit er nicht zu schnell austrocknet und das Wasser als Transporter für die Mineralstoffmoleküle erhalten bleibt. Derselbe Vorgang bewährt sich auch beim Auflegen von getränkten Tupfern, Binden und Tüchern.

5.4 Salben

Alle Mineralstoffe gibt es in der Zubereitung als Salben oder Cremegele, welche eine sehr angenehme Anwendung der Mineralstoffe nach Dr. Schüßler ermöglichen.

Bei der Verwendung der Mineralstoffe nach Dr. Schüßler als topische Arzneiform ist v. a. auf die verwendete Salbengrundlage zu achten. Organische Substanzen sind als Salbengrundlage zu bevorzugen, obwohl sie nicht so schnell in die Haut einziehen und dadurch einen glänzenden Belag bilden.

Der Behälter für die Salben sollte nicht aus Metall sein.

Die Salben können entweder mehrmals am Tag hauchdünn aufgetragen oder einmassiert werden, ohne Verband, oder auch seltener als messerrückendicker Belag. Dieser wird durch einen entsprechenden Verband abgedeckt und täglich je nach Bedarf erneuert. Diese Form der Applikation (Anwendung) eignet sich besonders gut für die Nacht.

Auf eine gereinigte offene Wunde kann ohne weiteres eine Heilsalbe aufgetragen werden. Der Fettanteil ermöglicht einen elastischen Wundrand und damit ein besseres krustenfreies Heilen.

Bei der Behandlung von akuten Fällen ist die Berücksichtigung der Salbengrundlage von besonderer Bedeutung.

Die Verwendung von Paraffinöl-Beimengungen ist im Falle der Mineralstoffsalben nicht angebracht, da ja die Salben u. U. auch in die Nase eingeführt werden, sodass dann die Gefahr einer Inhalation von Paraffinöl gegeben ist. Dabei können Komplikationen auftreten, wie die Bildung von Fremdkörper-Granulomen in der Lunge oder auch eine Lipid-Pneunomie. Daher wurde die Verwendung von Paraffinöl in Zubereitungen, die in die Nase eingeführt werden, gesetzlich verboten.

Bei der Herstellung einer topischen Arznei ist die Auswahl der Salbengrundlage besonders wichtig. Die Arzneimittelpenetration in das Gewebe hängt nämlich davon ab, ob der Arzneistoff von der Salbengrundlage freigesetzt wird. Grundsätzlich gilt, dass polare Arzneistoffe (ionogene Mineralstoffverbindungen – Salze), in hydrophilen Salbengrundlagen eingearbeitet, die beste Freigabe von Arzneistoffen erzielen und sehr tief in die Haut eindringen können.

Für eine Salbenherstellung verwenden wir neben den fetten Anteilen auch Wasser. Mit der Lipidkomponente entsteht eine Wasser-in-Öl-Emulsionssalbe, eine Creme. Auch hier ist die Abgabe des Mineralstoffes gewährleistet, da beim Auftragen der Salbe auf die Haut die Emulsion den wasser- und mineralstoffhaltigen Anteil freigibt. Die Fettkomponente kann die Haut pflegen und besonders bei schuppender, rissiger Haut von Bedeutung sein.

Für fettarme und besonders tiefenwirksame Anwendungen sollte jedoch auf Cremegele zurückgegriffen werden (Schleimhäute, Akne, Rheuma, Gelenke …).

Von vielen Anwendern werden die fetten Suspensionssalben als äußerst unangenehm beschrieben. Es dauert nicht nur lange, bis sie einigermaßen in die Haut eingezogen sind, es bleibt außerdem auf der Haut lange Zeit ein Fettfilm stehen. Am Tag ist das unangenehm in Bezug auf die Kleidung, in der Nacht klebt die behandelte Stelle entweder an der Nacht- oder an der Bettwäsche. Aus diesem Grund haben wir nach neuen, benutzerfreundlicheren Anwendungsmöglichkeiten gesucht und sie, wie im Folgenden beschrieben, auch gefunden.

5.5 Gel

Hydrophile fettfreie Salbengrundlagen sind Gele: Die Gele werden aus gelbildenden Grundstoffen durch Quellen mit Wasser hergestellt und enthalten 80–90% Wasser. Besonders zur Applikation auf Schleimhäute sind Gele prädestiniert.

Eine hervorragende Möglichkeit, die Mineralstoffe äußerlich an den Körper zu bringen, besteht deshalb in der Möglichkeit, sie in ein Gel einzuarbeiten. Im Unterschied zur Salbe wird dem Mineralstoff beim Gel ein besonders gutes Eindringen in das Hautgewebe ermöglicht, weil es eben zu einem hohen Prozentsatz Wasser enthält und fettfrei ist. In der Adler Pharma werden einige Gelmischungen hergestellt

5.6 Cremegel

Bei längerer Verwendung eines Gels kann es wünschenswert sein, eine rückfettende Komponente einzuarbeiten, weil die Haut an Geschmeidigkeit verliert. Dabei bleibt die intensive Tiefenwirkung des Gels erhalten, deshalb werden alle Nummern einzeln als Cremegel angeboten.

5.7 Anwendung von Mineralstoffen[9] als Salbe oder Cremegel anhand einiger Beispiele

Die Salben oder Cremegele haben den Vorteil, dass sie völlig geruchsfrei sind und die Haut nicht reizen. Sie werden gut vertragen, sodass sogar sehr empfindliche Haut damit gepflegt und über die Haut die Möglichkeit eröffnet wird, auf gewisse Probleme Zugriff zu bekommen.

Die aufgetragenen Mittel als äußere Anwendung haben den Vorteil, dass die Wirkstoffe ohne Umwege *direkt* an den Behandlungsort kommen, was bei Einnahme der Mineralstoffe häufig länger dauert. Es gibt auch Menschen, die über die Haut aufnahmefähiger sind als über die Mund- und Rachenschleimhaut, weil diese durch die vielen Überreizungen unter Umständen in ihrer Aufnahmefähigkeit stark beeinträchtigt sind.

Nr. 1 Calcium fluoratum

Narbengewebe, verhärtete Lymphknoten, verhärtete Drüsen, Krampfadern, Hämorrhoiden, Bänderschwäche (Schlottergelenke), Hornhaut, Schrunden, Risse, Nagelverwachsungen, Nagelbetteiterungen …

Nr. 2 Calcium phosphoricum

Muskelkrämpfe, Muskelspannungen, Verspannungen im Nacken, Spannungskopfschmerz, bellender Husten vor allem bei Kindern, bei unruhigem Herzschlag auf dem

9 Die angeführten Anwendungen benötigen meistens einen bzw. einige andere Mineralstoffe, die in entsprechenden Kombinationen zur Verfügung stehen. Einige davon sind auf den nächsten Seiten angeführt.

Brustkorb, bei übermäßiger Schweißbildung, Knochenbrüche, Schmerzen in alten Knochenbrüchen ...

Nr. 3 Ferrum phosphoricum

„Erste Hilfe", Verletzungen, Prellung, Zerrung, Entzündungen, pulsierendes Pochen, Rötung, Hitze (Erwärmung des oberflächlichen Gewebes), Schwellung, Abschürfungen, Gelenkentzündungen, akute Schmerzen, Sonnenbrand, Verbrennungen (in Verbindung mit der Nr. 8) ...

Nr. 4 Kalium chloratum

Husten (zäher, weißlicher Schleim, zieht Fäden), Hautgrieß, Couperose, Besenreiser, Krampfadern, Verklebungen, Abklingen von Entzündungen der Sehnenscheiden in den Gelenken und der Schleimbeutel ...

Nr. 5 Kalium phosphoricum

Schlecht heilende Wunden und Geschwüre mit üblem Geruch, nekrotische Wundränder, Gewebsquetschungen (in Verbindung mit der Nr. 8), Folgen von Überanstrengung (Tennisarm, Golfschulter), schwere Erschöpfungen in Muskeln, Überanstrengung des Herzens, Haut- und Nagelpilz, Lähmungen – an verschiedenen Stellen im Körper, aber auch im Gesicht (Empfehlenswert ist in diesem Zusammenhang das Gel, da es sehr schnell in die Tiefe eindringt. Es wird an den entsprechenden Stellen oberflächlich aufgetragen, einen Versuch ist es auf jeden Fall wert.) ...

Nr. 6 Kalium sulfuricum

Bildung der Oberhaut (Schuppen auf der Haut), Hautpflege, chronische Hauterkrankungen (Ekzeme, Neurodermitis, Schuppenflechte), Muskelkater, Druckgefühl im

Oberbauch, bräunlichgelblicher Schleim aus der Nase (Nasengel), bei Auftreten von bräunlich gelbem Schleim im Bereich der Nase, Ohren, Neben-, Stirn- und Kieferhöhlen äußerlich auftragen ...

Nr. 7 Magnesium phosphoricum

Blitzartige, schießende, rasch die Stelle wechselnde Schmerzen (vor allem bei Koliken: Nieren-, Galle- oder Blasenstein, Blähungskrämpfe, Menstruationsbeschwerden), Magenkrämpfe, nervöses Hautjucken, „hektische Flecken", bei beginnender Migräne auf Nacken, Stirne und Schläfen auftragen, bei Angina pectoris auf dem Brustkorb in der Herzgegend, evtl. bei Durchblutungsstörungen in den Extremitäten mit der Nr. 2.

Nr. 8 Natrium chloratum

Nässende Hautausschläge (wenn die Absonderungen „brennen" und die Haut angreifen), Knorpelprobleme, Sehnen, Bänder, Gicht, Bandscheibenbeschwerden, bei Insektenstichen – Insektengel in Verbindung mit der Nr. 2 (bei heftigen Reaktionen zuerst einen Mineralstoffbrei auflegen), bei angeschwollenen bzw. eingetrockneten Schleimhäuten in der Nase – Nasengel ...

Nr. 9 Natrium phosphoricum

Fette Haut, Akne, Pickel, Abszesse (Schweißdrüsenabszesse), Mitesser, geschwollene Lymphknoten, rheumatische Schwellungen (der kleinen Gelenke vor allem), schlecht heilende Wunden ...

Nr. 10 Natrium sulfuricum

Geschwollene Hände und Füße infolge Verschlackung, Bläschen (grünlich-gelblicher, wässriger Inhalt), Sonnenallergie, Warzen (in Verbindung mit der Nr. 4), Erfrierungen, im Bereich der Leber und Galle bei Problemen ...

Nr. 11 Silicea

Eiterungen – verschlossen (in Verbindung mit der Nr. 9), Falten (v. a. zur Vorbeugung), Bindegewebsschwäche, Bindegewebsrisse (Vorbeugung in der Schwangerschaft), nervöse Zuckungen, Leistenbruch, Nabelbruch ...

Nr. 12 Calcium sulfuricum

Übersäuerung, Gicht, Rheuma, offene Eiterungen ...

5.8 Kombinationen mineralstoffhaltiger Salben, Gele oder Cremegele

Üblicherweise werden diese Mittel einzeln gegeben und angewendet. Oft kann jedoch das Problem nicht mit einem einzigen Mittel abgedeckt werden; der Organismus benötigt mehrere, um den Schaden lindern zu können beziehungsweise zu beheben. Im Repertorium haben wir jeweils auf die äußere Anwendung hingewiesen. Die dort angegebenen Kombinationen sind dann in Anwendung zu bringen. Im Folgenden findet sich eine Auswahl:

Tabelle 18: Bewährte Kombinationen als Salben/Gel/Cremegel (Auswahl).

Anwendungsbereich	Mineralstoffe (Nr.)
Abszess	3 + 4 + 9 + 12
Akne, Mitesser	3 + 4 + 9
Bindegewebe	1 + 11
Blähungen – Säuglinge	2 + 6 + 7 + 10
Bluterguss	10 + 11 + wenig 4

Fortsetzung Tabelle 18:

Ekzem, Hautausschlag, Fußpilz	3+5+6+8+10
bei Juckreiz zusätzlich	7
Entzündungen	3
Erfrierungen	5+9+viel von 10+11
Fieberblasen, Herpes	8+10+11
Gelenke, Rücken	1+2+8+9+11
Gesicht	1+6+8+11
Hautallergie, Juckreiz	6+10
Hautgrieß	4
Hautpflege	1+4+6+8+9+11
Bei trockener rissiger Haut (Schmerzen), zusätzlich	+3
Heilung (Wunden)	1+3+5+8+11
Husten	2+4+7+8
Insektenstiche	2+8
Juckreiz (allgemein)	7
Knorpelgewebe	8
Krampfadern, Besenreiser	1+4+9+11
bei geschwollenen Beinen zusätzlich	+10
Muttermal	5+6+8+10
Nerven, taube Stellen, Kribbeln in den Nerven	5+7+8+9+11
Nervenentzündung	3+5+7+11
Narben, Hühneraugen, Verhärtungen	1+8+wenig 5

Fortsetzung Tabelle 18:

Prellung, Bänderzerrung	1+3+5+8+11
Polyarthritis, chronische Gelenkentzündung	3+8+9+10+11+12
Rheuma, Gicht	8+9+10+11+12
Schrunden (Risse), Hornhaut, Überbeine	1+wenig 5+8
Sehnenscheidenentzündung	2+3+8+9
Sonnenbrand	3+6+8
Sonne: Sonnenallergie	10
Sonne: Stärkung der Haut vor der Sonneneinstrahlung*	3+6+8+10
Sonne: Pflege der Haut nach der Sonneneinstrahlung*	1+3+5+6+8+11
Verbrennungen**	3+8
Warzen	4+10
Zellulitis, Orangenhaut	1+8+9+10+11+12

* Die Verwendung eines Gels ist in diesem Zusammenhang empfehlenswert!
** Bei frischen Verbrennungen ist es empfehlenswert, einen Brei aus je 20 Stück Mineralstofftabletten zu machen und aufzulegen. (Die Stückzahl hängt von der Größe der Verletzung ab.)

5.9 Weitere Möglichkeiten der äußeren Anwendung

Tropfen

Die Zubereitung von Tropfen aus Mineralstoffen nach Dr. Schüßler geht sehr leicht und wurde im „Handbuch der Biochemie nach Dr. Schüßler“ auf Seite 377 beschrieben. Wir empfehlen Ihnen, sich mit dieser Zubereitungsart auseinanderzusetzen, sie kann außerordentlich hilfreich sein.

Körperpflegelinie

In letzter Zeit wurden von uns außer den Salben und Cremegelen weitere moderne Anwendungsmöglichkeiten der Mineralstoffe nach Dr. Schüßler entwickelt. Dadurch wird die Biochemie nach Dr. Schüßler in den Lebensstil der heutigen Menschen integriert. Wir hoffen, dass diese Heilweise dadurch von dem ihr immer noch anhaftenden „antiquierten Bild“ befreit wird und nunmehr alle Altersschichten überzeugen kann.

Bei diesen speziellen Mineralstoff-Produkten[10] handelt es sich z. B.um:

- Eine Gesichtscreme mit hohem Feuchtigkeitsfaktor. Die enthaltenen Mineralstoffe wirken regenerierend, feuchtigkeitsspendend, reduzieren Hautgrieß und Couperose und fördern die Elastizität der Haut, ohne Duftstoffe.
- Ein pflegendes Cremegel für fette und unreine Haut, die zu Akne neigt.
- Ein Duschgel, das auch als Haarshampoo und Badezusatz verwendet werden kann. Auch sehr angenehm bei irritierter Körper- und Kopfhaut, da es leicht juckreizstillend wirkt.
- Eine Körpercreme, die aufgrund der Mineralstoffe das Bindegewebe strafft und entschlackt und daher besonders bei Cellulite sehr hilfreich ist.
- Eine Körpercreme, die die Elastizität der Haut fördert, das Bindegewebe stützt und die Hautpigmen-

10 Für Fragen bezüglich der Beschaffung der angeführten Produkte, vor allem der Kombinationen von verschiedenen Mineralstoffen bei der äußeren Anwendung, steht Ihnen gerne Frau Mag. Susana Niedan-Feichtinger zur Verfügung.

tierung reguliert. Außerdem eignet sie sich sehr gut zur Vorbeugung von Schwangerschaftsstreifen.

- Eine Körperlotion, die bei der täglichen Körperpflege für eine intensive Pflege der Haut sorgt.
- Ein Lippenbalsam zur Pflege von rissigen und rauhen Lippen, der auch bei Neigung zu Bläschen auf den Lippen besonders hilfreich ist.
- Ein Pre- und After-Sun-Gel, das sonnenempfindliche Haut vor dem Sonnenbad stärkt. Nach dem Sonnenbad ist es ein wirksames After Sun.

Mischungen

Zur Zeit gibt es einige fertige Mischungen im Handel, die hohe Akzeptanz finden:

Cremegele

- für Ekzeme
- für Gelenke (Gelenkbeschwerden und Schmerzen im Bewegungsapparat, Sportverletzungen – akut und chronisch)
- für Venen (Venenschmerzen und Beschwerden, auch für Hämorrhoiden)
- für Neurodermitis

Salben

- für Husten
- für Neurodermitis

Gele

- für Gelenke – Sportverletzungen
- für Wunden: beschleunigt die Wundheilung

6 Kontraindikationen

Kontraindikationen sind **keine bekannt**, jedoch ist es unbedingt notwendig, auf mögliche Reaktionen hinzuweisen (⇨ S. 83).

Immer wieder kommt es nämlich vor, dass Hilfesuchende mit der Einnahme der Mineralstoffe nach Dr. Schüßler aufhören, weil der Organismus mit den zur Verfügung gestellten Betriebsstoffen zu arbeiten beginnt. Diese Vorgänge sind unter Umständen mit Schmerzen und äußerst intensiven „Erinnerungen" an alte Krankheiten verbunden. Der Wiederherstellungsvorgang geht von den jüngsten Belastungen bzw. Krankheiten aus und schreitet in immer ältere voran. Dieser Vorgang, der ja sehr bekannt ist, wird als „Krebsgang" der Heilung beschrieben (⇨ S. 90).

Als Therapeut sollten Sie auch um die Problematik der Tablettierungsstoffe Bescheid wissen. So macht das vielfach verwendte Magnesiumstearat manchen Patienten Probleme. Auch sollten Sie sich vergewissern, dass der Hersteller keine Weizenstärke als Sprengmittel verwendet. Das ist bei Allergikern und v. a. bei Zöliakie unbedingt zu berücksichtigen. Über äußerst schonungsvoll hergestellte Mineralstoffe nach Dr. Schüßler können Sie bei den Autoren Auskunft erhalten. Außerdem wollen wir in diesem Zusammenhang auch auf die Möglichkeit der Anwendung eines Mineralstoffpulvers hinweisen, das in diesen Fällen die erste Wahl überhaupt darstellt.

7 Indikationen

Die im Buch angegebenen Dosierungstabellen sind Erfahrungswerte, die sich in jeweils hunderten von Fällen bewährt haben. Besonders sensible Menschen und Kinder sollten mit ungefähr der Hälfte der angegebenen Menge beginnen und die Menge nur steigern, wenn der gewünschte Erfolg nicht eintritt.

Ältere und besonders belastete Menschen beginnen mit einer sehr geringen Anfangsdosierung von einem Drittel oder Viertel der angegebenen Menge und steigern diese, bis die gewünschte Wirkung erreicht ist.

Aber auch nach oben sind kaum Grenzen gesetzt. Wenn jemand mehr einnehmen möchte als angegeben, weil er das Verlangen hat, so sollte er diesem nachgehen und nachgeben.

Hinweise zur Benutzung

* markiert das Hauptmittel. Die Anzahl der Hauptmittel wurde jeweils auf höchstens zwei Mineralstoffe beschränkt.

Bei immer wieder vorkommenden Symptomen bzw. Anwendungen haben wir **Tabellen** als Einnahmeempfehlung eingefügt, die Ihnen sicher die Arbeit erleichtern werden. Die Dosierung bezieht sich auf die empfohlene tägliche Einnahmemenge.

Aus Platzgründen mussten wir uns in diesem Buch auf die reine Behandlung mit Schüßler-Salzen beschränken. Umfangreiche **Querverweise** zur parallelen – und sehr zu empfehlenden – Behandlung mit Homöopathie, Bachblüten und andere Naturheilverfahren haben wir jedoch in das „Handbuch der Biochemie nach Dr. Schüßler“ eingefügt.

Da sich dieses Buch an Therapeuten richtet, haben wir das Wissen, wann ein Arzt unbedingt hinzuzuziehen ist, bzw. wann die Behandlung nur ergänzend zu anderen Therapiemaßnahmen durchzuführen ist, und deshalb auf Warnhinweise verzichtet.

Abmagerung

allgemein – ohne Erkrankungserscheinungen
*Nr. 2 Calcium phosphoricum, Nr. 5 Kalium phosphoricum, Nr. 8 Natrium chloratum, Nr. 11 Silicea + Nr. 18 Calcium sulfuratum

Abschuppung

⇨ **Haare**
⇨ **Haut**

Abszess

allgemein

Tabelle 19: Einnahmeempfehlung bei Abszess.

Mineralstoff		Stück/Tag
Nr. 3	Ferrum phosphoricum	10–20
Nr. 4	Kalium chloratum	10
Nr. 9	Natrium phosphoricum	20
Nr. 10	Natrium sulfuricum	10
Nr. 11	Silicea	7
Nr. 12	Calcium sulfuricum	10

Zu Beginn der äußeren Versorgung sollten die Mineralstoffe als Brei aufgelegt werden, später als Gel oder Cremegel.

Eiterbeule – allgemein – reifer Abszess
Nr. 9 Natrium phosphoricum, Nr. 11 Silicea, Nr. 12 Calcium sulfuricum

pochend, schmerzend
Nr. 3 Ferrum phosphoricum

Abwehrkräfte

zur Stärkung

Tabelle 20: Einnahmeempfehlung zur Stärkung der Abwehrkräfte.

Mineralstoff		Stück/Tag
Nr. 3	Ferrum phosphoricum	10
Nr. 5	Kalium phosphoricum	10
Nr. 6	Kalium sulfuricum	7
Nr. 8	Natrium chloratum	10
Nr. 9	Natrium phosphoricum	10–20

After

Afterekzem

Nr. 3 Ferrum phosphoricum, Nr. 4 Kalium chloratum, *Nr. 6 Kalium sulfuricum, Nr. 8 Natrium chloratum, *Nr. 10 Natrium sulfuricum

Afterjucken

Nr. 6 Kalium sulfuricum, Nr. 7 Magnesium phosphoricum, Nr. 10 Natrium sulfuricum

Einrisse, Fissuren, Schrunden

*Nr. 1 Calcium fluoratum, Nr. 3 Ferrum phosphoricum, Nr. 11 Silicea

Die Mineralstoffkombination ist in der Anwendung als Salbe, Cremegel besonders zu empfehlen.

⇨ **Hämorrhoiden**

Akne

Acne vulgaris

Tabelle 21: Einnahmeempfehlung bei Akne.

Mineralstoff		Stück/Tag
Nr. 3	Ferrum phosphoricum	5
Nr. 4	Kalium chloratum	7
Nr. 9	Natrium phosphoricum	10–20
Nr. 11	Silicea	3

Die Mineralstoffkombination ist in der Anwendung als Cremegel besonders zu empfehlen.

Pubertät
*Nr. 3 Ferrum phosphoricum, Nr. 4 Kalium chloratum, *Nr. 9 Natrium phosphoricum, Nr. 11 Silicea, Nr. 12 Calcium sulfuricum, Nr. 24 Arsenum jodatum
Die Mineralstoffkombination ist in der Anwendung als Cremegel besonders zu empfehlen.

Allergien

allergisch auf Tiere
*Nr. 2 Calcium phosphoricum, Nr. 3 Ferrum phosphoricum, Nr. 6 Kalium sulfuricum, *Nr. 8 Natrium chloratum, Nr. 10 Natrium sulfuricum
Vorbedingung einer erfolgreichen Behandlung ist die Kontrolle des Schlafplatzes. Ursachen aus anderen Ebenen, wie z. B. der charakterlichen, sind auch in Betracht zu ziehen.

allgemein
*Nr. 2 Calcium phosphoricum, Nr. 3 Ferrum phosphoricum, Nr. 4 Kalium chloratum, *Nr. 8 Natrium chloratum, Nr. 10 Natrium sulfuricum
Die angegebene Mineralstoffkombination ist in diesem Fall besonders in der Anwendung als Tropfen zu empfehlen.

⇨ **Heuschnupfen**

Konservierungsmittelallergie
Nr. 2 Calcium phosphoricum, Nr. 4 Kalium chloratum, Nr. 8 Natrium chloratum, *Nr. 10 Natrium sulfuricum

Nahrungsmittelallergie
Nr. 4 Kalium chloratum, Nr. 6 Kalium sulfuricum, Nr. 8 Natrium chloratum, Nr. 10 Natrium sulfuricum

⇨ **Sonnenallergie**

Waschmittelallergie
Nr. 3 Ferrum phosphoricum, Nr. 4 Kalium chloratum, Nr. 6 Kalium sulfuricum, *Nr. 8 Natrium chloratum, Nr. 10 Natrium sulfuricum

Altersdiabetes

⇨ **Diabetes**

Amalgambelastung

Ausleitung
Nr. 4 Kalium chloratum, Nr. 6 Kalium sulfuricum, Nr. 8 Natrium chloratum, *Nr. 10 Natrium sulfuricum

Anämie, Blutarmut

allgemein

Tabelle 22: Einnahmeempfehlung bei Blutarmut.

Mineralstoff		Stück/Tag
Nr. 2	Calcium phosphoricum	20
Nr. 3	Ferrum phosphoricum	15
Nr. 5	Kalium phosphoricum	10
Nr. 6	Kalium sulfuricum	10
Nr. 8	Natrium chloratum	20

Blutarmut der Kinder

*Nr. 2 Calcium phosphoricum, Nr. 3 Ferrum phosphoricum, Nr. 8 Natrium chloratum, Nr. 11 Silicea

Sie wird durch ungünstige Einflüsse bei den Kindern begünstigt. Deshalb sollten die Lebensbedingungen für die Kinder optimal gestaltet werden. Für die Kinder ist „nichts gut genug!“

Angina – Halsentzündung

allgemein und zur Vorbeugung
Nr. 3 Ferrum phosphoricum, Nr. 4 Kalium chloratum, Nr. 12 Calcium sulfuricum

mit starkem, sehr übel riechendem Mundgeruch
Nr. 5 Kalium phosphoricum

mit weißgrauem Belag – nicht schleimig
*Nr. 4 Kalium chloratum, Nr. 5 Kalium phosphoricum

wenn dabei die Mandeln gerötet sind
*Nr. 3 Ferrum phosphoricum, Nr. 9 Natrium phosphoricum

wenn der Auswurf hellgelb bis bräunlich gelb ist – schleimig
Nr. 6 Kalium sulfuricum,

wenn im Hals oder auf den Mandeln Eiter zu beobachten ist
Nr. 9 Natrium phosphoricum, Nr. 11 Silicea, *Nr. 12 Calcium sulfuricum

Tabelle 23: Einnahmeempfehlung bei akuter eitriger Angina.

Mineralstoff		Stück/Tag
Nr. 3	Ferrum phosphoricum	10
Nr. 4	Kalium chloratum	7
Nr. 5	Kalium phosphoricum	7
Nr. 9	Natrium phosphoricum	10
Nr. 11	Silicea	10
Nr. 12	Calcium sulfuricum	20
Nr. 23	Natrium bicarbonicum	7

Anschwellung

der Gelenke, nach Druck bleibt eine Vertiefung ⇨ Gelenkschwellung

wenn nach schmerzhaftem Druck keine Vertiefung bleibt – rheumatisch ⇨ Rheuma

Antibiotika

zum Aufbau nach einer Antibiotikakur, Missbrauch von Antibiotika
*Nr. 3 Ferrum phosphoricum, Nr. 4 Kalium chloratum, Nr. 8 Natrium chloratum, Nr. 9 Natrium phosphoricum, *Nr. 10 Natrium sulfuricum

Aphthen – Stomatitis aphthosa

allgemein – grauweiß oder weiß
Nr. 3 Ferrum phosphoricum, Nr. 4 Kalium chloratum (Nr. 5 Kalium phosphoricum), Nr. 12 Calcium sulfuricum

Aphthenwasser – austretende Gewebsschlacke – meist farblos bis leicht grünlich – juckend
Nr. 2 Calcium phosphoricum, Nr. 4 Kalium chloratum, Nr. 6 Kalium sulfuricum, Nr. 8 Natrium chloratum, Nr. 9 Natrium phosphoricum, Nr. 10 Natrium sulfuricum, Nr. 12 Calcium sulfuricum

brennend, stechend
Nr. 3 Ferrum phosphoricum

mit einem hellroten Rand, leicht blutend
Nr. 5 Kalium phosphoricum

Appetitlosigkeit der Kinder

mangelnde Esslust

Tabelle 24: Einnahmeempfehlung bei Appetitlosigkeit (allgemein).

Mineralstoff		Stück/Tag
Nr. 2	Calcium phosphoricum	10
Nr. 3	Ferrum phosphoricum	7
Nr. 5	Kalium phosphoricum	7
Nr. 6	Kalium sulfuricum	7
Nr. 8	Natrium chloratum	7
Nr. 9	Natrium phosphoricum	7 (nach dem Essen)
Nr. 22	Calcium carbonicum	5

Arteriosklerose

zur Behandlung

Nr. 1 Calcium fluoratum, *Nr. 9 Natrium phosphoricum, Nr. 11 Silicea

Arthritis

allgemein

Nr. 1 Calcium fluoratum, *Nr. 3 Ferrum phosphoricum, Nr. 4 Kalium chloratum, Nr. 8 Natrium chloratum, Nr. 9 Natrium phosphoricum

Die Mineralstoffkombination ist in der Anwendung als Salbe oder Cremegel bes. zu empfehlen.

Arthrose

Gelenkdeformation, Kreuzarthrose, Arthrose im Kiefergelenk

Nr. 1 Calcium fluoratum, Nr. 2 Calcium phosphoricum, Nr. 8 Natrium chloratum, *Nr. 9 Natrium phosphoricum, Nr. 11 Silicea, Nr. 16 Lithium chloratum

Die Mineralstoffkombination ist in der Anwendung als Salbe oder Cremegel bes. zu empfehlen.

Asthma

allergisches

*Nr. 3 Ferrum phosphoricum, Nr. 4 Kalium chloratum, Nr. 5 Kalium phosphoricum, Nr. 6 Kalium sulfuricum, *Nr. 8 Natrium chloratum, Nr. 10 Natrium sulfuricum

allgemein – grundsätzlich für alle Formen

*Nr. 6 Kalium sulfuricum, *Nr. 10 Natrium sulfuricum
Die beiden Mineralstoffe sind die Hauptmittel.

Tabelle 25: Einnahmeempfehlung bei Asthma.

Mineralstoff		Stück/Tag
Nr. 2	Calcium phosphoricum	7
Nr. 3	Ferrum phosphoricum	7
Nr. 4	Kalium chloratum	7
Nr. 6	Kalium sulfuricum	20–30
Nr. 7	Magnesium phosphoricum	3 x „heiße 7“
Nr. 10	Natrium sulfuricum	10

Die Mineralstoffkombination ist in der Anwendung als Cremegel bes. zu empfehlen.

bei Kindern

Nr. 2 Calcium phosphoricum, Nr. 11 Silicea, *Nr. 22 Calcium carbonicum

Augen

Absonderungen: rahmartig, honiggelb, verklebt

Nr. 9 Natrium phosphoricum

Ausfluss gelblich

Nr. 6 Kalium sulfuricum, Nr. 12 Calcium sulfuricum

Bewegungsschmerz
Nr. 3 Ferrum phosphoricum

Bindehautentzündung – Konjunktivitis
*Nr. 3 Ferrum phosphoricum, Nr. 6 Kalium sulfuricum, Nr. 8 Natrium chloratum, *Nr. 9 Natrium phosphoricum, Nr. 11 Silicea, Nr. 12 Calcium sulfuricum

Entzündung der Neugeborenen
Nr. 3 Ferrum phosphoricum
Sondert sich schon etwas Eiter ab: Nr. 9 Natrium phosphoricum
Die Nr. 3 alle 10 Minuten eine Tablette und von der Nr. 9 stündlich eine Tablette.

Entzündung nach Fiebererkrankung
*Nr. 3 Ferrum phosphoricum, Nr. 5 Kalium phosphoricum, Nr. 8 Natrium chloratum

gerötete Augenlider
*Nr. 3 Ferrum phosphoricum, Nr. 4 Kalium chloratum, Nr. 8 Natrium chloratum

geschwollene Augenlider
Nr. 10 Natrium sulfuricum

Lichtempfindlichkeit
Nr. 9 Natrium phosphoricum, *Nr. 11 Silicea

„Mückensehen“ (Nicht nur Punkte, sondern Verunreinigungen im Auge, die wie Mückenbeine aussehen.)
Nr. 8 Natrium chloratum, Nr. 10 Natrium sulfuricum

Schmerz beim Vorbeugen des Kopfes
Nr. 9 Natrium phosphoricum, *Nr. 10 Natrium sulfuricum

Schmerzen bei Fieber
Nr. 3 Ferrum phosphoricum

tränend – auch im Freien
Nr. 8 Natrium chloratum

trocken wie Sand

Tabelle 26: Einnahmeempfehlung für trockene Augen.

Mineralstoff		Stück/Tag
Nr. 3	Ferrum phosphoricum	7
Nr. 8	Natrium chloratum	20–30
Nr. 11	Silicea	5

Überanstrengung

Tabelle 27: Einnahmeempfehlung bei Überanstrengung der Augen.

Mineralstoff		Stück/Tag
Nr. 1	Calcium fluoratum	5
Nr. 3	Ferrum phosphoricum	7
Nr. 5	Kalium phosphoricum	7
Nr. 8	Natrium chloratum	10
Nr. 11	Silicea	7

Augenlid

Boxerauge, Brillenhämatom
Nr. 11 Silicea

Entzündung, Lidrandentzündung
*Nr. 3 Ferrum phosphoricum, Nr. 4 Kalium chloratum, Nr. 8 Natrium chloratum, Nr. 9 Natrium phosphoricum, Nr. 11 Silicea, Nr. 17 Manganum sulfuricum
Die Mineralstoffkombination ist in der Anwendung als Cremegel bes. zu empfehlen.

Zuckungen der Lider

Nr. 11 Silicea, auch als Salbe, Gel oder Cremegel

Ausleitung

allgemein

Tabelle 28: Einnahmeempfehlung zur Ausleitung.

Mineralstoff		Stück/Tag
Nr. 4	Kalium chloratum	10
Nr. 6	Kalium sulfuricum	15
Nr. 8	Natrium chloratum	15
Nr. 10	Natrium sulfuricum	20
Nr. 23	Natrium bicarbonicum	7

Autofahrer

Übermüdung ⇨ Müdigkeit

Bandscheiben

Regeneration

Nr. 1 Calcium fluoratum, Nr. 5 Kalium phosphoricum, *Nr. 8 Natrium chloratum, Nr. 11 Silicea

Die Mineralstoffkombination ist in der Anwendung als Cremegel bes. zu empfehlen.

⇨ **Rückenschmerzen**

Schäden

Nr. 1 Calcium fluoratum, *Nr. 8 Natrium chloratum, Nr. 11 Silicea

Die Mineralstoffkombination ist in der Anwendung als Cremegel bes. zu empfehlen.

Einstellung zum Leben ändern.

Schmerzen

Nr. 1 Calcium fluoratum, *Nr. 2 Calcium phosphoricum,

Nr. 3 Ferrum phosphoricum, *Nr. 7 Magnesium phosphoricum, Nr. 8 Natrium chloratum, Nr. 11 Silicea
Die Mineralstoffkombination ist in der Anwendung als Cremegel bes. zu empfehlen.

Bauchschmerzen

allgemein

Nr. 1 Calcium fluoratum, Nr. 3 Ferrum phosphoricum, Nr. 4 Kalium chloratum, *Nr. 7 Magnesium phosphoricum, Nr. 9 Natrium phosphoricum, Nr. 10 Natrium sulfuricum
Die Mineralstoffkombination ist in der Anwendung als Cremegel, aber auch als Wickel, zu empfehlen.

Blähungen

Tabelle 29: Einnahmeempfehlung bei schmerzhaften Blähungen.

Mineralstoff		Stück/Tag
Nr. 3	Ferrum phosphoricum	7
Nr. 7	Magnesium phosphoricum	oft „heiße 7“
Nr. 10	Natrium sulfuricum	20
Nr. 20	Kalium-Aluminium sulfuricum	10
Nr. 23	Natrium bicarbonicum	7

krampfhaft, vor Schmerzen krümmend

Nr. 7 Magnesium phosphoricum unbedingt als „heiße 7“

Seitenstechen

*Nr. 7 Magnesium phosphoricum, Nr. 8 Natrium chloratum

Völlegefühl ⇨ Pankreas

Nr. 6 Kalium sulfuricum

Beine

Geschwüre ⇨ Ulcus cruris

Krämpfe ⇨ Wadenkrampf

Schweregefühl
Nr. 10 Natrium sulfuricum

Besenreiser

allgemein

Tabelle 30: Einnahmeempfehlung bei Besenreisern.

Mineralstoff		Stück/Tag
Nr. 1	Calcium fluoratum	7
Nr. 4	Kalium chloratum	7
Nr. 9	Natrium phosphoricum	10
Nr. 11	Silicea	10

Die Mineralstoffkombination ist in der Anwendung als Cremegel bes. zu empfehlen.

Bettnässen

allgemein
Nr. 10 Natrium sulfuricum

der Kinder
Nr. 3 Ferrum phosphoricum, Nr. 5 Kalium phosphoricum, Nr. 8 Natrium chloratum, *Nr. 10 Natrium sulfuricum

Bienenstiche

⇨ **Insektenstiche**

Bindehautentzündung

⇨ **Augen**

Blähkolik

u. U. verbunden mit Verstopfung

Tabelle 31: Einnahmeempfehlung bei Blähkolik.

Mineralstoff		Stück/Tag
Nr. 7	Magnesium phosphoricum	alle ½ Stunde „heiße 7“
Nr. 10	Natrium sulfuricum	7
Nr. 20	Kalium-Aluminium sulfuricum	10–20
Nr. 23	Natrium bicarbonicum	7

der Säuglinge ⇨ Säugling

Blähungen

⇨ Bauchschmerzen

Bläschen auf der Haut

⇨ Herpes

Blase

⇨ Harnblase

Blasen – Haut

nach Verbrennungen ⇨ Verbrennungen

nach Wanderungen

Nr. 3 Ferrum phosphoricum, Nr. 5 Kalium phosphoricum, *Nr. 8 Natrium chloratum

Die angegebenen Mineralstoffe sind einzunehmen und als Brei aufzulegen, später als Cremegel.

Blasensteine

⇨ Nierensteine

Blut

Anämie, Blutarmut, Blässe der Kinder

Tabelle 32: Einnahmeempfehlung bei Blutarmut.

Mineralstoff		Stück/Tag
Nr. 2	Calcium phosphoricum	20
Nr. 3	Ferrum phosphoricum	7
Nr. 5	Kalium phosphoricum	10
Nr. 8	Natrium chloratum	10

Bildung

*Nr. 2 Calcium phosphoricum, Nr. 3 Ferrum phosphoricum, Nr. 8 Natrium chloratum, Nr. 17 Manganum sulfuricum

im Erbrochenen

Nr. 3 Ferrum phosphoricum

Blutdruck

erhöht

Nr. 1 Calcium fluoratum, Nr. 2 Calcium phosphoricum, Nr. 7 Magnesium phosphoricum, *Nr. 8 Natrium chloratum, Nr. 9 Natrium phosphoricum, Nr. 11 Silicea, Nr. 15 Kalium jodatum

niedrig

Nr. 5 Kalium phosphoricum, Nr. 7 Magnesium phosphoricum, *Nr. 9 Natrium phosphoricum

Bluterguss

allgemein

Nr. 1 Calcium fluoratum, Nr. 3 Ferrum phosphoricum, Nr. 4 Kalium chloratum, *Nr. 11 Silicea

Brechreiz

nach Anstrengung
Nr. 5 Kalium phosphoricum

bei Aufregung
Nr. 6 Kalium sulfuricum

nach dem Essen
Nr. 3 Ferrum phosphoricum, *Nr. 6 Kalium sulfuricum, Nr. 8 Natrium chloratum, Nr. 9 Natrium phosphoricum, Nr. 10 Natrium sulfuricum

Bronchialasthma

⇨ **Asthma**

Bronchitis

⇨ **Husten**

Bruch

Gewebebruch
Nr. 1 Calcium fluoratum, Nr. 5 Kalium phosphoricum, Nr. 8 Natrium chloratum, Nr. 11 Silicea (auch als Cremegel)

Knochenbrüche
Nr. 1 Calcium fluoratum, Nr. 2 Calcium phosphoricum, *Nr. 3 Ferrum phosphoricum, Nr. 5 Kalium phosphoricum, Nr. 7 Magnesium phosphoricum, Nr. 8 Natrium chloratum, Nr. 11 Silicea, Nr. 22 Calcium carbonicum
Die Mineralstoffkombination ist nach dem Abnehmen des Gipses als Cremegel besonders zu empfehlen.

rheumatische Schmerzen an alten Bruchstellen
Nr. 7 Magnesium phosphoricum, Nr. 8 Natrium chloratum, *Nr. 9 Natrium phosphoricum, Nr. 11 Silicea

Brust – weiblich

Entzündung
*Nr. 3 Ferrum phosphoricum, Nr. 12 Calcium sulfuricum

Juckreiz
Nr. 6 Kalium sulfuricum, Nr. 7 Magnesium phosphoricum, Nr. 10 Natrium sulfuricum
Die Mineralstoffkombination ist in der Anwendung als Cremegel bes. zu empfehlen.

Knoten
*Nr. 1 Calcium fluoratum, Nr. 9 Natrium phosphoricum, Nr. 11 Silicea

Schmerzen vor der Periode
Nr. 7 Magnesium phosphoricum als „heiße 7"

Verhärtung
Nr. 1 Calcium fluoratum, Nr. 11 Silicea

Verhärtung der Brust bei stillenden Müttern
Nr. 3 Ferrum phosphoricum, Nr. 4 Kalium chloratum, *Nr. 10 Natrium sulfuricum

Brustdrüsen

Eiterung
Nr. 9 Natrium phosphoricum, Nr. 11 Silicea, Nr. 12 Calcium sulfuricum

Entzündung – Mastitis
*Nr. 3 Ferrum phosphoricum, Nr. 9 Natrium phosphoricum

Schwellung und Schmerzen der Brustdrüsen v. a. prämenstruell und zum Zeitpunkt der Ovulation
Nr. 2 Calcium phosphoricum, *Nr. 3 Ferrum phosphoricum, Nr. 4 Kalium chloratum, Nr. 8 Natrium chloratum, Nr. 15 Kalium jodatum

Brustwarzen

Blutung, wund
Nr. 3 Ferrum phosphoricum, Nr. 8 Natrium chloratum

Pflege
Nr. 1 Calcium fluoratum, Nr. 3 Ferrum phosphoricum, Nr. 5 Kalium phosphoricum, Nr. 8 Natrium chloratum, Nr. 11 Silicea
Die Mineralstoffkombination ist in der Anwendung als Cremegel bes. zu empfehlen.

Risse in der Brustwarze
*Nr. 1 Calcium fluoratum, Nr. 5 Kalium phosphoricum
Die Mineralstoffkombination ist in der Anwendung als Cremegel bes. zu empfehlen.

Vorbereitung auf das Stillen
Nr. 1 Calcium fluoratum, Nr. 3 Ferrum phosphoricum, Nr. 5 Kalium phosphoricum, Nr. 8 Natrium chloratum, Nr. 11 Silicea

Candida albicans

⇨ **Pilzerkrankung**

Cholesterin

hoch
Nr. 7 Magnesium phosphoricum, *Nr. 9 Natrium phosphoricum, Nr. 11 Silicea

niedrig
Nr. 7 Magnesium phosphoricum

Darm

Darmgrippe
*Nr. 3 Ferrum phosphoricum, Nr. 4 Kalium chloratum, Nr. 6 Kalium sulfuricum, Nr. 8 Natrium chloratum, *Nr. 10 Natrium sulfuricum

Entzündung
Nr. 3 Ferrum phosphoricum, Nr. 4 Kalium chloratum, Nr. 13 Kalium arsenicosum

Geschwür
Nr. 7 Magnesium phosphoricum, *Nr. 9 Natrium phosphoricum, Nr. 11 Silicea, Nr. 12 Calcium sulfuricum

Schlaffheit
Nr. 1 Calcium fluoratum, Nr. 3 Ferrum phosphoricum

Schmerzen – kolikartig, schneidend
Nr. 7 Magnesium phosphoricum als „heiße 7“,
Nr. 19 Cuprum arsenicosum

Schmerzen – krampfartig
Nr. 2 Calcium phosphoricum, *Nr. 7 Magnesium phosphoricum, Nr. 19 Cuprum arsenicosum

Zwölffingerdarmgeschwüre – Ulcus duodeni
Nr. 7 Magnesium phosphoricum, *Nr. 9 Natrium phosphoricum, Nr. 11 Silicea, Nr. 12 Calcium sulfuricum

Darmkatarrh

allgemein
Nr. 2 Calcium phosphoricum, Nr. 6 Kalium sulfuricum, Nr. 8 Natrium chloratum

Blähungskolik ⇨ **Blähungen**

⇨ **Diarrhoe**

mit Fieber
Nr. 3 Ferrum phosphoricum

nach fetten Speisen
Nr. 9 Natrium phosphoricum

wässrig, gallig
Nr. 10 Natrium sulfuricum

Darmträgheit

⇨ **Stuhlverstopfung**

Denken

Lernmischung ⇨ **Lernen**

Diabetes

allgemein
Nr. 6 Kalium sulfuricum, *Nr. 10 Natrium sulfuricum, Nr. 21 Zincum chloratum
Die Nr. 10 hilft dem Organismus den Zucker zu verarbeiten, was aber eine Verminderung der Insulingaben nicht so ohne weiteres erlaubt.

in schweren Fällen zusätzlich
Nr. 5 Kalium phosphoricum, Nr. 8 Natrium chloratum

wenn der Zuckerwert erhöht ist
Nr. 6 Kalium sulfuricum, Nr. 7 Magnesium phosphoricum, *Nr. 10 Natrium sulfuricum, Nr. 21 Zincum chloratum
Hinweise über die Einnahme beachten! 48 Tabletten sind eine Broteinheit! Es empfiehlt sich, die Tabletten aufzulösen und nur die Flüssigkeit zu trinken, ohne umzurühren.

Diarrhoe

allgemein
Nr. 3 Ferrum phosphoricum, Nr. 8 Natrium chloratum

Ausscheidung unverdauter Speisen
Nr. 3 Ferrum phosphoricum

Bauchschneiden – gallig
Nr. 10 Natrium sulfuricum

Brechdurchfall
Nr. 10 Natrium sulfuricum

durch Übersäuerung
Nr. 9 Natrium phosphoricum

grünlich gelb
Nr. 10 Natrium sulfuricum

mit Verstopfung wechselnd
Nr. 3 Ferrum phosphoricum, Nr. 10 Natrium sulfuricum

Durchblutungsstörung

arterielle
Nr. 1 Calcium fluoratum, Nr. 3 Ferrum phosphoricum, *Nr. 7 Magnesium phosphoricum, Nr. 11 Silicea

der Hände
Nr. 1 Calcium fluoratum, *Nr. 2 Calcium phosphoricum, Nr. 3 Ferrum phosphoricum
Diese Mineralstoffkombination ist in der Anwendung als Salbe oder Cremegel bes. zu empfehlen.

des Gehirns
Nr. 2 Calcium phosphoricum, *Nr. 3 Ferrum phosphori-

cum, *Nr. 5 Kalium phosphoricum, Nr. 7 Magnesium phosphoricum, Nr. 8 Natrium chloratum, Nr. 11 Silicea

wenn die Beine einschlafen, Ameisenlaufen, Kribbeln auf der Haut
Nr. 2 Calcium phosphoricum

Durst

zu wenig oder zu viel
Nr. 8 Natrium chloratum

Eierstock

Entzündung
*Nr. 3 Ferrum phosphoricum, Nr. 4 Kalium chloratum, Nr. 12 Calcium sulfuricum

Schmerzen
Nr. 3 Ferrum phosphoricum

Einlauf

bei Verstopfung
Nr. 3 Ferrum phosphoricum, Nr. 7 Magnesium phosphoricum, Nr. 8 Natrium chloratum, Nr. 10 Natrium sulfuricum, *je 15 Stück auf 1 Liter Wasser*

zur Regeneration, vor allem nach dem Einsatz von starken Medikamenten
Nr. 3 Ferrum phosphoricum, Nr. 4 Kalium chloratum, Nr. 5 Kalium phosphoricum, Nr. 7 Magnesium phosphoricum, Nr. 8 Natrium chloratum, *Nr. 10 Natrium sulfuricum

zur Reinigung, vor allem bei Fastenkuren
Nr. 1 Calcium fluoratum, Nr. 3 Ferrum phosphoricum, Nr. 4 Kalium chloratum, Nr. 5 Kalium phosphoricum, Nr. 6

Kalium sulfuricum, Nr. 7 Magnesium phosphoricum, Nr. 8 Natrium chloratum, *Nr. 10 Natrium sulfuricum
Nr. 1: Elastizität der Darmwände, Nr. 3: Aktivierung der Darmzotten und Durchblutungsförderung, Nr. 4: Arbeit der Drüsen und Entgiftung, Nr. 5: Desinfizierung, Nr. 6: Bindung der alten Schlacken, Flüssigkeitsregulierung und Entgiftung, Nr. 10: Entschlackung.
Es werden von jedem Mineralstoff jeweils 7–10 Tabletten aufgelöst und ohne Milchzucker zur Flüssigkeit dazugegeben. Das Wasser sollte abgekocht sein.

Eiterungen

allgemein
Nr. 9 Natrium phosphoricum, Nr. 11 Silicea, Nr. 12 Calcium sulfuricum

bei offener Wunde
Nr. 12 Calcium sulfuricum

chronisch
Nr. 12 Calcium sulfuricum

Ekzeme

⇨ **Haut**

Entzündungen

akut
*Nr. 3 Ferrum phosphoricum, Nr. 9 Natrium phosphoricum

Ausheilung
*Nr. 3 Ferrum phosphoricum, Nr. 5 Kalium phosphoricum, Nr. 8 Natrium chloratum, Nr. 11 Silicea

chronisch

*Nr. 3 Ferrum phosphoricum, Nr. 6 Kalium sulfuricum, *Nr. 9 Natrium phosphoricum, Nr. 10 Natrium sulfuricum, Nr. 12 Calcium sulfuricum, Nr. 23 Natrium bicarbonicum

Tabelle 33: Einnahmeempfehlung bei chronischen Entzündungen.

Mineralstoff		Stück/Tag
Nr. 3	Ferrum phosphoricum	7
Nr. 4	Kalium chloratum	7
Nr. 9	Natrium phosphoricum	10
Nr. 12	Calcium sulfuricum	12
Nr. 23	Natrium bicarbonicum	7

Erbrechen

akut, krampfhaft

Nr. 7 Magnesium phosphoricum

bewährte Mischung

Nr. 3 Ferrum phosphoricum, Nr. 5 Kalium phosphoricum, Nr. 6 Kalium sulfuricum, Nr. 8 Natrium chloratum, *Nr. 9 Natrium phosphoricum, Nr. 10 Natrium sulfuricum

von Galle

Nr. 10 Natrium sulfuricum

von saurer Flüssigkeit

Nr. 9 Natrium phosphoricum

Erholung – Rekonvaleszenz

⇨ **Regeneration**

Erkältungskrankheiten

allgemein

Tabelle 34: Einnahmeempfehlung bei leichter Erkältung (bei geringem Mangel).

Mineralstoff		Stück/Tag
Nr. 3	Ferrum phosphoricum	5
Nr. 4	Kalium chloratum	3
Nr. 5	Kalium phosphoricum	3
Nr. 8	Natrium chloratum	7
Nr. 9	Natrium phosphoricum	5
Nr. 10	Natrium sulfuricum	3

zum Abklingen

*Nr. 5 Kalium phosphoricum, Nr. 6 Kalium sulfuricum, Nr. 8 Natrium chloratum

Erschöpfung

allgemein

Nr. 5 Kalium phosphoricum, Nr. 8 Natrium chloratum, Nr. 22 Calcium carbonicum

Tabelle 35: Einnahmeempfehlung für schwere Erschöpfungszustände (ausgelaugt).

Mineralstoff		Stück/Tag
Nr. 1	Calcium fluoratum	5
Nr. 2	Calcium phosphoricum	7
Nr. 3	Ferrum phosphoricum	10
Nr. 4	Kalium chloratum	7
Nr. 5	Kalium phosphoricum	10
Nr. 6	Kalium sulfuricum	5
Nr. 7	Magnesium phosphoricum	3 x „heiße 7“
Nr. 8	Natrium chloratum	10

Mineralstoff		Stück/Tag
Nr. 9	Natrium phosphoricum	7
Nr. 10	Natrium sulfuricum	7
Nr. 11	Silicea	5–10
Nr. 15	Kalium jodatum	5
Nr. 22	Calcium carbonicum	10

bei Abmagerung
Nr. 2 Calcium phosphoricum, Nr. 16 Lithium chloratum

durch innere Unruhe
Nr. 7 Magnesium phosphoricum

Erschöpfungszustände mit Gewichtsverlust trotz Heißhunger
Nr.18 Calcium sulfuratum

mit Nervosität verbunden
Nr. 5 Kalium phosphoricum, Nr. 8 Natrium chloratum, Nr. 15 Kalium jodatum

Essen

⇨ **Heißhunger** ⇨ **Verlangen nach**

Ferse

Fersenrisse: entstehen hauptsächlich durch übermäßige Hornstoffabsonderung
Nr. 1 Calcium fluoratum
Die Mineralstoffkombination ist in der Anwendung als Gel oder Cremegel bes. zu empfehlen.
Neben dem Cremegel ca. 30–40 Stück tgl. einnehmen.

Fersenschmerzen
Nr. 1 Calcium fluoratum, *Nr. 2 Calcium phosphoricum, Nr. 3 Ferrum phosphoricum, Nr. 8 Natrium chloratum, *Nr. 9 Natrium phosphoricum, Nr. 11 Silicea
Die Mineralstoffkombination ist in der Anwendung als Gel oder Cremegel bes. zu empfehlen.

Fersensporn

allgemein
Nr. 2 Calcium phosphoricum, Nr. 3 Ferrum phosphoricum

Fieber

Fieberkrampf
Nr. 2 Calcium phosphoricum, Nr. 3 Ferrum phosphoricum, Nr. 5 Kalium phosphoricum

Kinder
Nr. 3 Ferrum phosphoricum (niedriges Fieber)
Die Kinder so viele nehmen lassen, wie sie wollen!

hohes Fieber, über 38,8° C
Nr. 5 Kalium phosphoricum

kalte Hände und Füße
Nr. 3 Ferrum phosphoricum, *Nr. 8 Natrium chloratum

kaltes Fieber
Nr. 2 Calcium phosphoricum

niedriges Fieber, bis 38,8° (38,5°)C
Nr. 3 Ferrum phosphoricum

Schüttelfrost ⇨ **Grippaler Infekt**

Fingernägel

allzu biegsam, weich
Nr. 1 Calcium fluoratum

brüchig – lösen sich in Schichten auf
Nr. 11 Silicea

hart, spröde, splittern wie Glas
Nr. 1 Calcium fluoratum

Nagelbett entzündet
Nr. 3 Ferrum phosphoricum

Fingerspitzen

rissig
Nr. 1 Calcium fluoratum

wund
*Nr. 1 Calcium fluoratum, Nr. 3 Ferrum phosphoricum, Nr. 6 Kalium sulfuricum, Nr. 8 Natrium chloratum, Nr. 11 Silicea
Die Mineralstoffkombination ist in der Anwendung als Gel oder Cremegel bes. zu empfehlen.

Fluor genitalis

Absonderungen klar, eiweißartig, mild
*Nr. 2 Calcium phosphoricum, Nr. 8 Natrium chloratum

Ausscheidungen bräunlich gelb – schleimig
Nr. 6 Kalium sulfuricum, Nr. 8 Natrium chloratum

brennend, wund – Juckreiz
Nr. 6 Kalium sulfuricum, Nr. 8 Natrium chloratum, Nr. 10 Natrium sulfuricum

brennende Absonderungen
Nr. 8 Natrium chloratum

grünlich gelber Schleim
Nr. 10 Natrium sulfuricum

übel riechende, schmierige Absonderungen
*Nr. 5 Kalium phosphoricum, Nr. 8 Natrium chloratum

Weißfluss junger Mädchen
Nr. 4 Kalium chloratum

Frühjahrsmüdigkeit

allgemein

Tabelle 36: Einnahmeempfehlung bei Frühjahrsmüdigkeit.

Mineralstoff		Stück/Tag
Nr. 3	Ferrum phosphoricum	10
Nr. 5	Kalium phosphoricum	7
Nr. 6	Kalium sulfuricum	7
Nr. 9	Natrium phosphoricum	10
Nr. 10	Natrium sulfuricum	10–20
Nr. 11	Silicea	7
Nr. 12	Calcium sulfuricum	5–7

Füße

feuchtkalt
*Nr. 8 Natrium chloratum, Nr. 11 Silicea

geschwollen – nach Druck bleibt die Vertiefung
Nr. 8 Natrium chloratum

geschwollen – nach Druck bleibt die Vertiefung nicht
Nr. 10 Natrium sulfuricum

kalt, aber heiße Stirn
Nr. 3 Ferrum phosphoricum

Schweiß
Nr. 9 Natrium phosphoricum, Nr. 11 Silicea

Schweregefühl ⇨ Beine

unterdrückter Schweiß
Nr. 11 Silicea

wund gelaufen
*Nr. 3 Ferrum phosphoricum, Nr. 8 Natrium chloratum

Zuckungen im Schlaf
Nr. 11 Silicea

Fußpilz

⇨ Pilzerkrankungen

Galle

allgemein – die Galle unterstützend
Nr. 6 Kalium sulfuricum, Nr. 9 Natrium phosphoricum, *Nr. 10 Natrium sulfuricum

Erbrechen
Nr. 3 Ferrum phosphoricum, *Nr. 7 Magnesium phosphoricum, Nr. 10 Natrium sulfuricum

Gallenblasenentzündung
Nr. 3 Ferrum phosphoricum, Nr. 10 Natrium sulfuricum

Gallenfluss vermehrt (Hypercholie) – oder vermindert (Hypocholie)
Nr. 10 Natrium sulfuricum

Gallensteine – Abbau und Vorbeugung
Nr. 3 Ferrum phosphoricum, *Nr. 7 Magnesium phosphoricum, Nr. 9 Natrium phosphoricum, Nr. 10 Natrium sulfuricum

Grieß – Abbau – Abgang
Nr. 2 Calcium phosphoricum, *Nr. 7 Magnesium phosphoricum, Nr. 9 Natrium phosphoricum, Nr. 11 Silicea, Nr. 23 Natrium bicarbonicum

Gastritis – Magenschleimhautentzündung

allgemein

Tabelle 37: Einnahmeempfehlung bei Gastritis.

Mineralstoff		Stück/Tag
Nr. 2	Calcium phosphoricum	10
Nr. 3	Ferrum phosphoricum	10
Nr. 4	Kalium chloratum	10
Nr. 7	Magnesium phosphoricum	10
Nr. 8	Natrium chloratum	10
Nr. 9	Natrium phosphoricum	20
Nr. 13	Kalium arsenicosum	7

Aufstoßen mit Gasen
Nr. 7 Magnesium phosphoricum

bei fetten Speisen – wenn die Galle mitbeteiligt ist
Nr. 9 Natrium phosphoricum, Nr. 10 Natrium sulfuricum

bei trockener Zunge und Durstgefühl
Nr. 8 Natrium chloratum

mit starker Säure
Nr. 9 Natrium phosphoricum

Gaumenmandeln

Belag: wenn weiß bis weißgrau
Nr. 4 Kalium chloratum

eitrig
Nr. 9 Natrium phosphoricum, Nr. 11 Silicea, Nr. 12 Calcium sulfuricum

Entzündung
*Nr. 3 Ferrum phosphoricum, Nr. 4 Kalium chloratum, Nr. 9 Natrium phosphoricum, Nr. 12 Calcium sulfuricum

wenn dickschleimig, verbunden mit üblem Mundgeruch
*Nr. 5 Kalium phosphoricum, Nr. 8 Natrium chloratum

Gebärmutter

Blutungen stark – Hypermenorrhoe
Nr. 1 Calcium fluoratum, *Nr. 3 Ferrum phosphoricum, Nr. 5 Kalium phosphoricum, Nr. 11 Silicea, Nr. 12 Calcium sulfuricum

Krämpfe in der Gebärmutter
Nr. 3 Ferrum phosphoricum, *Nr. 7 Magnesium phosphoricum

Myom
Nr. 1 Calcium fluoratum, Nr. 4 Kalium chloratum, *Nr. 10 Natrium sulfuricum

Senkung
*Nr. 1 Calcium fluoratum, Nr. 11 Silicea

Vorfall wegen Erschlaffung der Mutterbänder
*Nr. 1 Calcium fluoratum, Nr. 11 Silicea

Geburt

allgemein ⇨ **„Schüßler-Salze für Frauen"** (⇨ S. 240)
Nr. 7 Magnesium phosphoricum: zur Unterstützung der Wehen

Milchbildung ⇨ **Stillen**

Rückbildung der Gebärmutter
*Nr. 1 Calcium fluoratum, Nr. 3 Ferrum phosphoricum, Nr. 11 Silicea

Vorbereitung

Tabelle 38: Einnahmeempfehlung zur Vorbereitung der Geburt (9. Monat).

Mineralstoff		Stück/Tag
Nr. 1	Calcium fluoratum	10
Nr. 2	Calcium phosphoricum	7–10
Nr. 3	Ferrum phosphoricum	10
Nr. 5	Kalium phosphoricum	10
Nr. 7	Magnesium phosphoricum	20–30
Nr. 8	Natrium chloratum	7
Nr. 11	Silicea	7

Wehenschwäche
Nr. 5 Kalium phosphoricum, *Nr. 7 Magnesium phosphoricum

Wochenbettdepression
⇨ **Erschöpfung, allgemein**

Von allen Mineralstoffen ist eine gute Versorgung über eine längere Zeit notwendig

Gelbsucht – Hepatitis

allgemein

Nr. 1 Calcium fluoratum, Nr. 5 Kalium phosphoricum, *Nr. 6 Kalium sulfuricum, Nr. 7 Magnesium phosphoricum, Nr. 9 Natrium phosphoricum, *Nr. 10 Natrium sulfuricum, Nr. 11 Silicea

Gelenke

allgemein – bei Beschwerden

Tabelle 39: Einnahmeempfehlung bei Gelenkbeschwerden – Steifigkeit bzw. Schmerzen.

Mineralstoff		Stück/Tag
Nr. 1	Calcium fluoratum	7
Nr. 2	Calcium phosphoricum	10
Nr. 3	Ferrum phosphoricum	10
Nr. 5	Kalium phosphoricum	7
Nr. 8	Natrium chloratum	10
Nr. 9	Natrium phosphoricum	10–20
Nr. 11	Silicea	7

Die angegebene Mineralstoffkombination ist als Gel oder Cremegel hervorragend für viele Gelenkbeschwerden und zur Stärkung geeignet.

Auftreibung – Gicht ⇨ **Gicht**

Bluterguss

Nr. 11 Silicea

Knacken der Gelenke
Nr. 8 Natrium chloratum
Auch als Gel oder Cremegel!

Schlottergelenke – Hypermobilität
Nr. 1 Calcium fluoratum
Auch als Gel oder Cremegel!

Verhärtung des Gelenkknorpels
Nr. 1 Calcium fluoratum, Nr. 8 Natrium chloratum

wenn sich die Knochen verändern ⇨ **Arthrose**

Gelenkentzündung

akut

Tabelle 40: Einnahmeempfehlung für Gelenkschmerzen.

Mineralstoff		Stück/Tag
Nr. 1	Calcium fluoratum	7
Nr. 2	Calcium phosphoricum	10
Nr. 3	Ferrum phosphoricum	10
Nr. 8	Natrium chloratum	10
Nr. 9	Natrium phosphoricum	10
Nr. 11	Silicea	7
Nr. 22	Calcium carbonicum	5

Die angegebene Kombination sollte als Cremegel ebenfalls verwendet werden!

bohrend
Nr. 2 Calcium phosphoricum, Nr. 3 Ferrum phosphoricum, Nr. 5 Kalium phosphoricum, Nr. 7 Magnesium phosphoricum, *Nr. 9 Natrium phosphoricum, Nr. 11 Silicea

Schmerzen bei Bewegung
*Nr. 3 Ferrum phosphoricum, Nr. 5 Kalium phosphoricum

Schmerzen blitzartig
Nr. 7 Magnesium phosphoricum

Schmerzen wandernd
Nr. 6 Kalium sulfuricum

Gelenkrheumatismus

⇨ **Rheuma**

Gelenkschwellung

akut
Nr. 1 Calcium fluoratum, *Nr. 3 Ferrum phosphoricum, Nr. 4 Kalium chloratum, Nr. 5 Kalium phosphoricum, Nr. 8 Natrium chloratum, Nr. 11 Silicea
Die Mineralstoffkombination ist in der Anwendung als Cremegel bes. zu empfehlen.

allgemein
*Nr. 4 Kalium chloratum, Nr. 5 Kalium phosphoricum, *Nr. 8 Natrium chloratum, Nr. 9 Natrium phosphoricum, Nr. 10 Natrium sulfuricum, Nr.11 Silicea
Die Mineralstoffkombination ist in der Anwendung als Cremegel bes. zu empfehlen.

Genickstarre

verursacht durch Erkrankungen, die ihren Schwerpunkt im Kopf haben
*Nr. 2 Calcium phosphoricum, Nr. 5 Kalium phosphori-

cum, Nr. 7 Magnesium phosphoricum, Nr. 8 Natrium chloratum
Die Mineralstoffkombination ist in der Anwendung als Cremegel bes. zu empfehlen.

verursacht durch zu große Spannung in den Nackenmuskeln
*Nr. 2 Calcium phosphoricum, Nr. 7 Magnesium phosphoricum
Die Mineralstoffkombination ist in der Anwendung als Cremegel bes. zu empfehlen.

Geräuschempfindlichkeit

allgemein
Nr. 11 Silicea

Gerstenkorn

am Augenlid
Nr. 4 Kalium chloratum, *Nr. 9 Natrium phosphoricum, Nr. 11 Silicea
Die Mineralstoffkombination ist in der Anwendung als Cremegel bes. zu empfehlen.

Geruchsverlust, Geschmacksverlust

⇨ **Schnupfen**

Geschwulst

Anschwellung von Gelenken, wenn nach Druck die Vertiefung bleibt
Nr. 4 Kalium chloratum, Nr. 8 Natrium chloratum, *Nr. 10 Natrium sulfuricum

Die Mineralstoffkombination ist in der Anwendung als Cremegel bes. zu empfehlen.

verursacht durch Überbeine
*Nr. 1 Calcium fluoratum, Nr. 11 Silicea

wenn die Geschwulst sich verhärtet
Nr. 1 Calcium fluoratum

wenn Drüsen anschwellen
Nr. 2 Calcium phosphoricum, *Nr. 4 Kalium chloratum, Nr. 7 Magnesium phosphoricum, Nr. 9 Natrium phosphoricum, Nr. 11 Silicea, Nr. 12 Calcium sulfuricum

Gicht

allgemein

Tabelle 41: Einnahmeempfehlung bei Gicht.

Mineralstoff		Stück/Tag
Nr. 3	Ferrum phosphoricum	10
Nr. 8	Natrium chloratum	10
Nr. 9	Natrium phosphoricum	20
Nr. 10	Natrium sulfuricum	10
Nr. 11	Silicea	7
Nr. 12	Calcium sulfuricum	7
Nr. 16	Lithium chloratum	7
Nr. 23	Natrium bicarbonicum	7

Die angegebene Mineralstoffkombination ist in der Anwendung als Cremegel bes. zu empfehlen.

begleitet von Fieber bis 38,8° C
Nr. 3 Ferrum phosphoricum

begleitet von starkem Schweiß an Händen und Füßen
Nr. 11 Silicea

Gichtanfall

Tabelle 42: Einnahmeempfehlung bei Gichtanfall.

Mineralstoff		Stück/Tag
Nr. 3	Ferrum phosphoricum	30
Nr. 8	Natrium chloratum	20
Nr. 9	Natrium phosphoricum	20
Nr. 10	Natrium sulfuricum	10
Nr. 11	Silicea	10
Nr. 12	Calcium sulfuricum	10

Zusätzlich: Von jedem Mineralstoff je ca. 20 Stück auflösen und als Brei auflegen.

Gichtknoten, deformierte Fingergelenke
*Nr. 8 Natrium chloratum, Nr. 9 Natrium phosphoricum, Nr. 11 Silicea

wenn die Schmerzen wandern
Nr. 6 Kalium sulfuricum

wenn ein schmerzender Druck keine Vertiefung hinterlässt
Nr. 8 Natrium chloratum, Nr. 9 Natrium phosphoricum, Nr. 10 Natrium sulfuricum, Nr. 11 Silicea, Nr. 16 Lithium chloratum,
Die Mineralstoffkombination ist in der Anwendung als Cremegel bes. zu empfehlen.

Gingivitis

⇨ **Zahnfleisch**

Glaukom – Grüner Star

⇨ Star

Globusgefühl – Globus hystericus

Es ist ein Gefühl, als ob ein Kloß („Knödel") im Hals stecken würde.
Nr. 7 Magnesium phosphoricum

Grauer Star

⇨ Star

Grippaler Infekt

begleitet von hohem Fieber
*Nr. 5 Kalium phosphoricum, Nr. 10 Natrium sulfuricum

Sammelbegriff für verschiedene Symptome

Tabelle 43: Einnahmeempfehlung für leichte Grippe (grippaler Infekt).

Mineralstoff		Stück/Tag
Nr. 3	Ferrum phosphoricum	10
Nr. 4	Kalium chloratum	7
Nr. 5	Kalium phosphoricum	7
Nr. 6	Kalium sulfuricum	7
Nr. 8	Natrium chloratum	10
Nr. 10	Natrium sulfuricum	10–20

Schüttelfrost
Nr. 2 Calcium phosphoricum, Nr. 3 Ferrum phosphoricum, Nr. 5 Kalium phosphoricum, *Nr. 10 Natrium sulfuricum

Grippe – echte Virusgrippe

allgemein
*Nr. 3 Ferrum phosphoricum, Nr. 4 Kalium chloratum, *Nr. 5 Kalium phosphoricum, Nr. 8 Natrium chloratum, Nr. 10 Natrium sulfuricum, Nr. 12 Calcium sulfuricum

begleitet von hohem Fieber
*Nr. 5 Kalium phosphoricum, Nr. 10 Natrium sulfuricum

niedriges Fieber
Nr. 3 Ferrum phosphoricum

zur Vorbeugung einer Grippe hilft
Nr. 10 Natrium sulfuricum

Haare

allgemein – zur Kräftigung
Nr. 2 Calcium phosphoricum, Nr. 5 Kalium phosphoricum, Nr. 8 Natrium chloratum, *Nr. 9 Natrium phosphoricum, *Nr. 11 Silicea

bei Schuppenbildung auf klebrigem Untergrund
Nr. 6 Kalium sulfuricum

der Wuchs wird angeregt durch
Nr. 11 Silicea

Funken beim Kämmen – nur in der Dunkelheit sichtbar – Bernsteinelektrizität
Nr. 9 Natrium phosphoricum, Nr. 11 Silicea

Haarausfall – kreisrund
*Nr. 5 Kalium phosphoricum, Nr. 11 Silicea

Kopfschuppen, weiß, liegen auf dem Kragen
Nr. 1 Calcium fluoratum, Nr. 8 Natrium chloratum

wenn die Haare verstärkt ausfallen
Nr. 2 Calcium phosphoricum, Nr. 7 Magnesium phosphoricum, Nr. 8 Natrium chloratum, *Nr. 9 Natrium phosphoricum, *Nr. 11 Silicea

wenn die Haarspitzen leicht brechen und sich spalten
*Nr. 9 Natrium phosphoricum, Nr. 11 Silicea

wenn sich die Schuppen auf fettigem Grund befinden
Nr. 9 Natrium phosphoricum

Hämorrhoiden

⇨ **Krampfadern**

Hände

bei leicht zittrigen Händen ist angebracht
*Nr. 2 Calcium phosphoricum, Nr. 11 Silicea, eventuell Nr. 14 Kalium bromatum

bei verstärktem, unangenehmem Schweiß ist angezeigt
Nr. 8 Natrium chloratum, *Nr. 9 Natrium phosphoricum, Nr. 11 Silicea

beim Auftreten von Blasen – mit einer gelblichen Flüssigkeit als Inhalt – juckend ⇨ Blasen auf der Haut
Nr. 6 Kalium sulfuricum, *Nr. 10 Natrium sulfuricum
Die Mineralstoffkombination ist in der Anwendung als Cremegel bes. zu empfehlen.

beim Auftreten von Blasen mit einer hellen, glasklaren Flüssigkeit
Nr. 8 Natrium chloratum

kalte Hände
Nr. 8 Natrium chloratum

kribbelnde Hände, was sich bis zum Taubheitsgefühl verstärken kann
Nr. 2 Calcium phosphoricum

rissige Hände, schmerzhafte Schrunden, die immer wieder aufbrechen
Nr. 1 Calcium fluoratum, Nr. 3 Ferrum phosphoricum
Vor allem auch als Salbe oder Cremegel.

wenn die Finger geschwollen sind
Nr. 10 Natrium sulfuricum

wenn die Fingergelenke geschwollen sind – aufgetrieben ⇨ Gicht
*Nr. 8 Natrium chloratum, Nr. 9 Natrium phosphoricum, Nr. 11 Silicea, Nr. 23 Natrium bicarbonicum
Die Mineralstoffkombination ist in der Anwendung als Cremegel bes. zu empfehlen.

wenn die Handinnenflächen leicht gelblich sind – in der Farbe des Hornstoffes – Handflächen rauh
Nr. 1 Calcium fluoratum
Der Mineralstoff ist in der Anwendung als Salbe oder Cremegel bes. zu empfehlen.

Harn

beim Auftreten von Sedimenten, Harngrieß
Nr. 2 Calcium phosphoricum, Nr. 9 Natrium phosphoricum

Harnstau, wenn jemand nicht mehr Harn lassen kann
Nr. 8 Natrium chloratum

häufiger Drang zum Harnlassen
Nr. 8 Natrium chloratum

Harnwegsentzündung

Tabelle 44: Einnahmeempfehlung bei einer Harnwegsentzündung.

Mineralstoff		Stück/Tag
Nr. 3	Ferrum phosphoricum	30
Nr. 8	Natrium chloratum	20
Nr. 9	Natrium phosphoricum	10
Nr. 12	Calcium sulfuricum	10
Nr. 16	Lithium chloratum	7

wenn beim Harnlassen die Harnröhre brennt
Nr. 8 Natrium chloratum

wenn beim Husten Tröpfchen abgehen – Inkontinenz
Nr. 1 Calcium fluoratum, Nr. 5 Kalium phosphoricum, Nr. 8 Natrium chloratum, Nr. 10 Natrium sulfuricum

wenn der Harn ohne Kontrolle, unwillkürlich, abgeht – Bettnässen
Nr. 1 Calcium fluoratum, Nr. 5 Kalium phosphoricum, *Nr. 10 Natrium sulfuricum

wenn der Harn unwillkürlich verhalten wird
Nr. 2 Calcium phosphoricum, Nr. 5 Kalium phosphoricum, *Nr. 7 Magnesium phosphoricum, Nr. 10 Natrium sulfuricum

wenn er vermindert ist – scharf – sauer riechend
Nr. 9 Natrium phosphoricum

Harnblase

allgemein – zur Stärkung

Tabelle 45: Einnahmeempfehlung zur Stärkung der Harnblase.

Mineralstoff		Stück/Tag
Nr. 1	Calcium fluoratum	7
Nr. 3	Ferrum phosphoricum	10–20
Nr. 8	Natrium chloratum	10–15
Nr. 9	Natrium phosphoricum	7

brennend

Nr. 3 Ferrum phosphoricum, *Nr. 8 Natrium chloratum

chronisch

Nr. 6 Kalium sulfuricum, Nr. 11 Silicea, Nr. 12 Calcium sulfuricum, Nr. 16 Lithium chloratum

Katarrh

*Nr. 3 Ferrum phosphoricum, Nr. 7 Magnesium phosphoricum, *Nr. 8 Natrium chloratum, Nr. 11 Silicea, Nr. 16 Lithium chloratum

Reizblase – nervös

Nr. 3 Ferrum phosphoricum, Nr. 7 Magnesium phosphoricum, *Nr. 9 Natrium phosphoricum

Reizung – Entzündung

*Nr. 3 Ferrum phosphoricum, Nr. 4 Kalium chloratum, Nr. 8 Natrium chloratum, *Nr. 9 Natrium phosphoricum, Nr. 10 Natrium sulfuricum, Nr. 16 Lithium chloratum

Harnsäure

den Abbau der Harnsäure besorgen

Nr. 9 Natrium phosphoricum, Nr. 11 Silicea, Nr. 23 Natrium bicarbonicum

die Entstehung von Steinen verhindert

Tabelle 46: Einnahmeempfehlung zur Vorbeugung bzw. bei Neigung zu Steinbildung.

Mineralstoff		Stück/Tag
Nr. 2	Calcium phosphoricum	7
Nr. 7	Magnesium phosphoricum	10
Nr. 9	Natrium phosphoricum	10–20
Nr. 23	Natrium bicarbonicum	7

Lösung der Harnsäure
Nr. 16 Lithium chloratum

Überschuss von Harnsäure in Blut und Gewebe
*Nr. 9 Natrium phosphoricum, Nr. 23 Natrium bicarbonicum

wenn Kristalle abgelagert werden
Nr. 11 Silicea

Harnwegsinfekte

akut
*Nr. 3 Ferrum phosphoricum, Nr. 8 Natrium chloratum, Nr. 9 Natrium phosphoricum, Nr. 12 Calcium sulfuricum

chronisch
Nr. 3 Ferrum phosphoricum

Haut

Altersflecken
Nr. 6 Kalium sulfuricum

Ekzeme
Nr. 3 Ferrum phosphoricum, Nr. 5 Kalium phosphoricum,

Nr. 6 Kalium sulfuricum, Nr. 8 Natrium chloratum, Nr. 10 Natrium sulfuricum
Die Mineralstoffkombination ist in der Anwendung als Cremegel bes. zu empfehlen.

erschlaffte Haut – zu Faltenbildung neigend
Nr. 1 Calcium fluoratum, Nr. 11 Silicea
Die Mineralstoffkombination ist in der Anwendung als Cremegel bes. zu empfehlen.

Hautpflege
Nr. 1 Calcium fluoratum, Nr. 4 Kalium chloratum, Nr. 5 Kalium phosphoricum, Nr. 6 Kalium sulfuricum, Nr. 8 Natrium chloratum, Nr. 11 Silicea
Die Mineralstoffkombination ist in der Anwendung als Cremegel bes. zu empfehlen.

heiß – trocken – schuppend – rau
Nr. 6 Kalium sulfuricum

juckend
Nr. 6 Kalium sulfuricum, *Nr. 7 Magnesium phosphoricum, *Nr. 10 Natrium sulfuricum, Nr. 13 Kalium arsenicosum
Die Mineralstoffkombination ist in der Anwendung als Cremegel bes. zu empfehlen.

Neigung zu Schrunden, Rissen in der Haut
*Nr. 1 Calcium fluoratum, Nr. 8 Natrium chloratum, Nr. 11 Silicea
Die Mineralstoffkombination ist in der Anwendung als Cremegel bes. zu empfehlen.

Pigmentstörung – Vitiligo
Nr. 4 Kalium chloratum, *Nr. 6 Kalium sulfuricum
Die Mineralstoffkombination ist in der Anwendung als Cremegel bes. zu empfehlen.

Rötung – knollige Flecken
*Nr. 3 Ferrum phosphoricum, Nr. 7 Magnesium phosphoricum, Nr. 11 Silicea

Schuppen auf der Haut – nach schweren Krankheiten
Nr. 6 Kalium sulfuricum
Auch nach dem Einsatz von Chemotherapie schuppt die Haut u. U. ab.

trocken – feuchtigkeitsarm
Nr. 8 Natrium chloratum

unreine Haut
*Nr. 9 Natrium phosphoricum, Nr. 11 Silicea

Verhärtungen – warzenähnlich – auch als Knötchen auftretend ⇨ **Warzen**

Hautabsonderungen

bräunlich gelb – schleimig – klebrig
Nr. 6 Kalium sulfuricum

brennend
Nr. 8 Natrium chloratum

eitrig
Nr. 9 Natrium phosphoricum, Nr. 11 Silicea, Nr. 12 Calcium sulfuricum

farbloser, wässriger Schleim
Nr. 8 Natrium chloratum

fettig
Nr. 9 Natrium phosphoricum

grünlich gelb – wässrig
Nr. 10 Natrium sulfuricum

honig gelb – rahmartig
Nr. 9 Natrium phosphoricum

Hornstoff – als Hornhaut – oder als Platten auf der Hautoberfläche
Nr. 1 Calcium fluoratum
Der Mineralstoff ist in der Anwendung als Salbe oder Cremegel bes. zu empfehlen.

nässende Absonderungen – allgemein
Nr. 2 Calcium phosphoricum, Nr. 4 Kalium chloratum, *Nr. 24 Arsenum jodatum

schuppig, auf klebrigem Untergrund
Nr. 6 Kalium sulfuricum
Der Mineralstoff ist in der Anwendung als Salbe oder Cremegel bes. zu empfehlen.

unter der Hautoberfläche bläulich rote Verfärbung
Nr. 10 Natrium sulfuricum
Der Mineralstoff ist in der Anwendung als Salbe oder Cremegel bes. zu empfehlen.

unter der Hautoberfläche grünlich gelb – bevor die Flüssigkeit austritt
Nr. 10 Natrium sulfuricum
Der Mineralstoff ist in der Anwendung als Salbe oder Cremegel bes. zu empfehlen.

Hautausschläge

⇨ **Haut – Ekzeme**

Heiserkeit

allgemein
Nr. 2 Calcium phosphoricum, Nr. 4 Kalium chloratum,

*Nr. 7 Magnesium phosphoricum, Nr. 8 Natrium chloratum, Nr. 15 Kalium jodatum

begleitet vom Verlangen nach frischer Luft
Nr. 6 Kalium sulfuricum

durch unentwegtes Räuspern gekennzeichnet
Nr. 15 Kalium jodatum

wenn sie eine Erkältung begleitet
Nr. 1 Calcium fluoratum, *Nr. 3 Ferrum phosphoricum, Nr. 4 Kalium chloratum, Nr. 6 Kalium sulfuricum, Nr. 8 Natrium chloratum, Nr. 9 Natrium phosphoricum

wenn sie nach einer Überanstrengung auftritt
*Nr. 3 Ferrum phosphoricum, Nr. 5 Kalium phosphoricum, Nr. 8 Natrium chloratum

Heißhunger

begleitet von großem Durst
Nr. 8 Natrium chloratum

diffuses Hungergefühl
Nr. 5 Kalium phosphoricum

nach allem Möglichen und man weiß nicht, wonach
*Nr. 7 Magnesium phosphoricum, Nr. 8 Natrium chloratum

nach Speisen
Nr. 9 Natrium phosphoricum

Herpes

am Beginn, die betroffenen Stellen beginnen zu spannen und zu schmerzen

Nr. 3 Ferrum phosphoricum, Nr. 8 Natrium chloratum, *Nr. 10 Natrium sulfuricum, Nr. 12 Calcium sulfuricum
Die Mineralstoffkombination ist in der Anwendung als Cremegel bes. zu empfehlen.

Bläschen, unter Umständen auch auf den Schamlippen
Nr. 5 Kalium phosphoricum, Nr. 8 Natrium chloratum, *Nr. 10 Natrium sulfuricum, Nr. 11 Silicea

im Abklingen – Verkrustung
Nr. 1 Calcium fluoratum, Nr. 3 Ferrum phosphoricum, Nr. 5 Kalium phosphoricum, Nr. 6 Kalium sulfuricum, Nr. 8 Natrium chloratum, Nr. 11 Silicea
Die Mineralstoffkombination ist in der Anwendung als Cremegel bes. zu empfehlen.

im Höhepunkt der Krankheit, im vollen Ausbruch
Nr. 3 Ferrum phosphoricum, Nr. 5 Kalium phosphoricum, Nr. 8 Natrium chloratum, Nr. 9 Natrium phosphoricum, *Nr. 10 Natrium sulfuricum, Nr. 12 Calcium sulfuricum
Die Mineralstoffkombination ist in der Anwendung als Cremegel bes. zu empfehlen.

wenn Eiter entsteht
Nr. 9 Natrium phosphoricum, Nr. 11 Silicea, Nr. 12 Calcium sulfuricum

Herz

beim Auftreten von Flattern, Herzrasen
Nr. 2 Calcium phosphoricum, Nr. 15 Kalium jodatum, Nr. 16 Lithium chloratum

beim Auftreten von Schwäche
Nr. 5 Kalium phosphoricum

beim Auftreten von Unruhe – beunruhigend
Nr. 2 Calcium phosphoricum, *Nr. 7 Magnesium phosphoricum, Nr. 15 Kalium jodatum

Herzklopfen: nervöses
Nr. 7 Magnesium phosphoricum als „heiße 7"

Herzklopfen: verstärkt in der Nacht
Nr. 2 Calcium phosphoricum

plötzlich auftretende Schmerzen
*Nr. 3 Ferrum phosphoricum, Nr. 5 Kalium phosphoricum, Nr. 6 Kalium sulfuricum, Nr. 7 Magnesium phosphoricum, Nr. 11 Silicea

starkes Herzklopfen
Nr. 16 Lithium chloratum

wenn ein Gefühl der Beklemmung im Brustkorb entsteht
Nr. 3 Ferrum phosphoricum, Nr. 5 Kalium phosphoricum, *Nr. 6 Kalium sulfuricum, *Nr. 7 Magnesium phosphoricum, Nr. 11 Silicea

zur Stärkung kann empfohlen werden
Nr. 1 Calcium fluoratum, Nr. 2 Calcium phosphoricum, Nr. 5 Kalium phosphoricum, *Nr. 7 Magnesium phosphoricum, Nr. 8 Natrium chloratum, Nr. 11 Silicea
Die Mineralstoffkombination ist in der Anwendung als Cremegel bes. zu empfehlen.

Heuschnupfen

allgemein

Tabelle 47: Einnahmeempfehlung für Heuschnupfen – akut.

Mineralstoff		Stück/Tag
Nr. 2	Calcium phosphoricum	10
Nr. 3	Ferrum phosphoricum	10
Nr. 4	Kalium chloratum	10
Nr. 6	Kalium sulfuricum	7
Nr. 8	Natrium chloratum	20
Nr. 10	Natrium sulfuricum	7
Nr. 24	Arsenum jodatum	5

Die Mischung kann am Tag so oft eingenommen werden, bis eine Erleichterung zu verspüren ist. Zur Vorsorge das Jahr über einmal am Tag.

Augen – rinnend oder trocken

Nr. 8 Natrium chloratum

Die Verwendung von Augentropfen aus diesem Mineralstoff ist sehr zu empfehlen.

Nase – rinnend oder trocken

Nr. 8 Natrium chloratum

Die Verwendung von Nasentropfen aus diesem Mineralstoff ist sehr zu empfehlen.

Hexenschuss – Lumbago

allgemein

Tabelle 48: Einnahmeempfehlung bei Hexenschuss.

Mineralstoff		Stück/Tag
Nr. 1	Calcium fluoratum	7
Nr. 2	Calcium phosphoricum	20
Nr. 3	Ferrum phosphoricum	10

Fortsetzung Tabelle 48:

Mineralstoff		Stück/Tag
Nr. 5	Kalium phosphoricum	7
Nr. 7	Magnesium phosphoricum	5 x „heiße 7“
Nr. 8	Natrium chloratum	10
Nr. 9	Natrium phosphoricum	7
Nr. 11	Silicea	20
Nr. 22	Calcium carbonicum	7
Nr. 23	Natrium bicarbonicum	10

Die Mineralstoffkombination ist in der Anwendung als Cremegel bes. zu empfehlen.

Hoden

Bruch

Nr. 1 Calcium fluoratum, Nr. 11 Silicea

geschwollen, füllt sich mit Flüssigkeit

Nr. 2 Calcium phosphoricum, Nr. 4 Kalium chloratum, Nr. 8 Natrium chloratum, *Nr. 10 Natrium sulfuricum, Nr. 11 Silicea

Die Mineralstoffkombination ist in der Anwendung als Cremegel bes. zu empfehlen.

Hörstörungen

allgemein – organisch

Nr. 1 Calcium fluoratum, Nr. 3 Ferrum phosphoricum, Nr. 9 Natrium phosphoricum, Nr. 11 Silicea

Druck im Ohr

Nr. 10 Natrium sulfuricum

Mittelohrschwellung

Nr. 4 Kalium chloratum

Hornhaut – als Ablagerung von Hornstoff

⇨ **Hautabsonderungen**

Hüftgelenk

allmähliche Bewegungseinschränkung

Nr. 1 Calcium fluoratum, Nr. 2 Calcium phosphoricum, Nr. 7 Magnesium phosphoricum, *Nr. 9 Natrium phosphoricum, Nr. 11 Silicea, Nr. 22 Calcium carbonicum

Die Mineralstoffkombination ist in der Anwendung als Cremegel bes. zu empfehlen.

Entzündung mit erhöhter Körpertemperatur

Nr. 3 Ferrum phosphoricum

Auch als Cremegel.

Knochenveränderungen

Tabelle 49: Einnahmeempfehlung bei Knochenveränderungen.

Mineralstoff		Stück/Tag
Nr. 1	Calcium fluoratum	7
Nr. 2	Calcium phosphoricum	7
Nr. 7	Magnesium phosphoricum	7
Nr. 8	Natrium chloratum	10
Nr. 9	Natrium phosphoricum	10
Nr. 11	Silicea	7
Nr. 12	Calcium sulfuricum	7
Nr. 22	Calcium carbonicum	10

Die Mineralstoffkombination ist in der Anwendung als Cremegel bes. zu empfehlen.

Bei Schmerzen, v. a. akuten, pochenden, müssen zusätzlich noch weitere 10–20 Stück von der Nr. 3 Ferrum phosphoricum genommen werden.

Knorpelveränderungen
Nr. 8 Natrium chloratum
Auch als Gel oder Cremegel. Auch wenn es im Gelenk knackt, bei Gelenkgeräuschen.

pochender, klopfender Schmerz mit lokaler Temperaturerhöhung
Nr. 3 Ferrum phosphoricum
Auch als Gel oder Cremegel.

Schmerzen – akut
Nr. 3 Ferrum phosphoricum
Auch als Salbe, Gel oder Cremegel.

Schmerzen – chronisch
Nr. 1 Calcium fluoratum, Nr. 2 Calcium phosphoricum, Nr. 8 Natrium chloratum, *Nr. 9 Natrium phosphoricum, Nr. 11 Silicea
Die Mineralstoffkombination ist in der Anwendung als Cremegel bes. zu empfehlen.

Husten

abends schlimmer, Schleimrasseln – ohne Auswurf

Tabelle 50: Einnahmeempfehlung bei schleimigem Husten.

Mineralstoff		Stück/Tag
Nr. 2	Calcium phosphoricum	7–10
Nr. 4	Kalium chloratum	10–20
Nr. 6	Kalium sulfuricum	10
Nr. 7	Magnesium phosphoricum	7
Nr. 8	Natrium chloratum	10

allgemein – weißer zäher Schleim
Nr. 4 Kalium chloratum

Bronchitis

Tabelle 51: Einnahmeempfehlung bei Bronchitis.

Mineralstoff		Stück/Tag
Nr. 2	Calcium phosphoricum	10
Nr. 3	Ferrum phosphoricum	20
Nr. 4	Kalium chloratum	30
Nr. 6	Kalium sulfuricum	10
Nr. 8	Natrium chloratum	10
Nr. 11	Silicea	7
Nr. 12	Calcium sulfuricum	10

Die Mineralstoffkombination ist in der Anwendung als Hustensalbe bes. zu empfehlen.

bellend

Nr. 2 Calcium phosphoricum

krampfartig

Nr. 2 Calcium phosphoricum, *Nr. 7 Magnesium phosphoricum

Reizhusten

Nr. 2 Calcium phosphoricum, Nr. 8 Natrium chloratum

Schleim bräunlich gelb – ocker

Nr. 6 Kalium sulfuricum

Schleim gelblich grün

Nr. 10 Natrium sulfuricum

Schleimstau – nach der Nacht

Nr. 4 Kalium chloratum, Nr. 6 Kalium sulfuricum, Nr. 8 Natrium chloratum

Die Mineralstoffkombination ist in der Anwendung als Salbe bes. zu empfehlen.

trocken – ohne Schleim
Nr. 3 Ferrum phosphoricum, *Nr. 8 Natrium chloratum

Immunsystem

zur Stärkung

Tabelle 52: Einnahmeempfehlung zur Stärkung des Immunsystems.

Mineralstoff		Stück/Tag
Nr. 2	Calcium phosphoricum	7
Nr. 4	Kalium chloratum	7
Nr. 5	Kalium phosphoricum	10
Nr. 6	Kalium sulfuricum	7
Nr. 7	Magnesium phosphoricum	7
Nr. 9	Natrium phosphoricum	20
Nr. 23	Natrium bicarbonicum	10

Wesentlich für das Immunsystem ist die Absenkung des Säurespiegels. Die Säure frisst wertvolle Mineralstoffe, die zum Aufbau des Energiefeldes bzw. Immunfeldes von großer Bedeutung sind.

Impffolgen

Ausschlag
Nr. 2 Calcium phosphoricum, Nr. 4 Kalium chloratum
Auch als Salbe, Gel oder Cremegel.

kommt es zu eitrigen Prozessen
Nr. 9 Natrium phosphoricum, Nr. 11 Silicea, Nr. 12 Calcium sulfuricum

sind die Ausscheidungen nässend und in der Farbe grünlich gelb
Nr. 10 Natrium sulfuricum

wenn die Oberhaut auf klebrigem Untergrund abschuppt
Nr. 6 Kalium sulfuricum

Impfung

allgemein zur Vorbeugung von Folgen
Nr. 2 Calcium phosphoricum, Nr. 4 Kalium chloratum

Inkontinenz – Stuhlabgang

Nr. 1 Calcium fluoratum, Nr. 4 Kalium chloratum, Nr. 7 Magnesium phosphoricum, Nr. 10 Natrium sulfuricum, Nr. 22 Calcium carbonicum

Insektenstiche, Bienenstiche

allgemein
Nr. 2 Calcium phosphoricum, Nr. 3 Ferrum phosphoricum, Nr. 4 Kalium chloratum, Nr. 8 Natrium chloratum
Innerlich und äußerlich anzuwenden. Bei starken Reaktionen äußerlich einen Brei auflegen, da die Salbe weniger Wirkstoffe enthält. Die Nr. 2 ist für die Verarbeitung der fremden eingedrungenen Eiweißsubstanzen notwendig.

Ischias

allgemein

Tabelle 53: Einnahmeempfehlung bei Ischiasschmerzen.

Mineralstoff		Stück/Tag
Nr. 1	Calcium fluoratum	7
Nr. 2	Calcium phosphoricum	10
Nr. 3	Ferrum phosphoricum	10
Nr. 7	Magnesium phosphoricum	2x „heiße 7“
Nr. 8	Natrium chloratum	7

Fortsetzung Tabelle 53:

Mineralstoff		Stück/Tag
Nr. 9	Natrium phosphoricum	7
Nr. 11	Silicea	20
Nr. 19	Cuprum arsenicosum	7

Zur Kräftigung der Wirbelsäule und Vorbeugung, als Mineralstoffmischung innerlich und als Cremegel äußerlich.

Ausstrahlung der Schmerzen in die Hüften
Nr. 5 Kalium phosphoricum, *Nr. 9 Natrium phosphoricum, Nr. 11 Silicea

bei Belastung der Nervenfasern durch Ablagerungen
*Nr. 9 Natrium phosphoricum, Nr. 11 Silicea

bei Schmerzen mit erhöhter Temperatur
Nr. 3 Ferrum phosphoricum

schießender Schmerz, der immer wieder Pausen macht
Nr. 7 Magnesium phosphoricum

wenn die reißenden Schmerzen in die Beine ausstrahlen
Nr. 8 Natrium chloratum

Jetlag

als Folge der Zeitumstellung nach einer Flugreise

Tabelle 54: Einnahmeempfehlung bei Jetlag.

Mineralstoff		Stück/Tag
Nr. 1	Calcium fluoratum	7
Nr. 3	Ferrum phosphoricum	20
Nr. 5	Kalium phosphoricum	20

Fortsetzung Tabelle 54:

Mineralstoff		Stück/Tag
Nr. 7	Magnesium phosphoricum	3–5 x „heiße 7“
Nr. 8	Natrium chloratum	10
Nr. 11	Silicea	7

Juckreiz

Ausscheidung von Schlacken über die Haut
Nr. 10 Natrium sulfuricum

bei Hautjucken ist das Hauptmittel
Nr. 7 Magnesium phosphoricum
Innerlich und äußerlich!

bei heftigem Juckreiz, wenn die anderen Mineralstoffe nicht helfen
Nr. 13 Kalium arsenicosum
⇨ **Haut**

Juckreiz am After
*Nr. 6 Kalium sulfuricum, Nr. 8 Natrium chloratum, Nr. 9 Natrium phosphoricum, Nr. 10 Natrium sulfuricum
Die Mineralstoffkombination ist in der Anwendung als Cremegel bes. zu empfehlen.

Kallusbildung

⇨ **Knochenbruch**

Karies

zur Vorbeugung
Nr. 1 Calcium fluoratum, *Nr. 2 Calcium phosphoricum, Nr. 8 Natrium chloratum, Nr. 11 Silicea

Kiefer

Kiefergelenk ⇨ Arthrose

Kiefersperre
Nr. 2 Calcium phosphoricum, *Nr. 7 Magnesium phosphoricum als „heiße 7“

wenn beim Kauen Gelenkgeräusche zu hören sind: Knarren, Schaben
Nr. 2 Calcium phosphoricum, Nr. 7 Magnesium phosphoricum, *Nr. 8 Natrium chloratum
Die Mineralstoffkombination ist in der Anwendung als Cremegel bes. zu empfehlen.

Klimakterium

⇨ Wechseljahre

Knickfuß, „Schlottergelenk“

wenn der Knöchel leicht knickt
*Nr. 1 Calcium fluoratum, Nr. 5 Kalium phosphoricum, Nr. 8 Natrium chloratum, Nr. 11 Silicea, Nr. 22 Calcium carbonicum
Die Mineralstoffkombination ist in der Anwendung als Cremegel bes. zu empfehlen.

Knie

Entzündung
Nr. 3 Ferrum phosphoricum
Auch als Gel oder Cremegel.

Kniegelenkarthrose – Deformation ⇨ Arthrose

Schmerzen
Nr. 1 Calcium fluoratum, Nr. 2 Calcium phosphoricum, Nr. 3 Ferrum phosphoricum, Nr. 8 Natrium chloratum, *Nr. 9 Natrium phosphoricum, Nr. 11 Silicea

Knochen

Aufbau
Nr. 1 Calcium fluoratum, Nr. 2 Calcium phosphoricum, Nr. 5 Kalium phosphoricum, Nr. 7 Magnesium phosphoricum, Nr. 8 Natrium chloratum, Nr. 11 Silicea
Die Mineralstoffkombination ist in der Anwendung als Cremegel bes. zu empfehlen.

bei Entkalkung der Knochen – brüchig
*Nr. 2 Calcium phosphoricum, Nr. 9 Natrium phosphoricum

für die Härte der Knochen sorgt
Nr. 1 Calcium fluoratum, Nr. 7 Magnesium phosphoricum

Überbeine
*Nr. 1 Calcium fluoratum, Nr. 11 Silicea

zusätzlich sollte bei Knochenbeschwerden immer auch überlegt werden
Nr. 22 Calcium carbonicum

Knochenbrüche

als erste Hilfe und für die Schmerzen
Nr. 3 Ferrum phosphoricum

für das Zusammenwachsen
Nr. 1 Calcium fluoratum, Nr. 2 Calcium phosphoricum, Nr. 11 Silicea

Die Mineralstoffkombination ist in der Anwendung als Cremegel bes. zu empfehlen.

Kallusbildung wird gefördert durch
Nr. 1 Calcium fluoratum, *Nr. 2 Calcium phosphoricum, Nr. 7 Magnesium phosphoricum, Nr. 11 Silicea
Die Mineralstoffkombination ist in der Anwendung als Cremegel bes. zu empfehlen.

Schmerzen an alten Bruchstellen
Nr. 8 Natrium chloratum, Nr. 9 Natrium phosphoricum, *Nr. 11 Silicea, Nr. 22 Calcium carbonicum
Die Mineralstoffkombination ist in der Anwendung als Cremegel bes. zu empfehlen.

Knochenwachstum

⇨ **Wachstum**

Knorpel

Aufbau
Nr. 5 Kalium phosphoricum, *Nr. 8 Natrium chloratum

bei Gelenkgeräuschen, wenn der Knorpel reibt
Nr. 8 Natrium chloratum

Geschwulst, wenn der Knorpel aufgetrieben ist ⇨ Gicht ⇨ Rheumatismus
*Nr. 8 Natrium chloratum, Nr. 9 Natrium phosphoricum, Nr. 11 Silicea

Knorpelschäden
Nr. 8 Natrium chloratum

Koliken

allgemein, auch bei Steinkolik

Nr. 7 Magnesium phosphoricum als „heiße 7“

Konzentrationsschwäche – in der Schule

⇨ **Lernen**

Kopfschmerzen

allgemein

Tabelle 55: Einnahmeempfehlung bei akuten Kopfschmerzen.

Mineralstoff		Stück/Tag
Nr. 2	Calcium phosphoricum	10–20
Nr. 3	Ferrum phosphoricum	20
Nr. 5	Kalium phosphoricum	10
Nr. 6	Kalium sulfuricum	10
Nr. 7	Magnesium phosphoricum	3–5 x „heiße 7“
Nr. 8	Natrium chloratum	10
Nr. 10	Natrium sulfuricum	20

an der Schläfe

Nr. 11 Silicea

begleitet von einem Gefühl, als läge ein Ring um den Kopf

Nr. 11 Silicea

dumpf – z. B. als Folge übermäßigen Alkoholgenusses

Nr. 10 Natrium sulfuricum

einseitige migräneartige Schmerzen

*Nr. 7 Magnesium phosphoricum, Nr. 8 Natrium chloratum, Nr. 11 Silicea

hinter der Stirn
Nr. 10 Natrium sulfuricum, Nr. 11 Silicea

klopfend
Nr. 3 Ferrum phosphoricum

Kopfschmerzen der Kinder verlangen hauptsächlich (evtl. beginnende Krankheit)
Nr. 3 Ferrum phosphoricum
Wenn sie erschöpft von der Schule nach Hause kommen, benötigen sie auch noch Nr. 5 Kalium phosphoricum.

Migräne

Tabelle 56: Einnahmeempfehlung bei beginnender Migräne.

Mineralstoff		Stück/Tag
Nr. 2	Calcium phosphoricum	20–30
Nr. 7	Magnesium phosphoricum	„heiße 7" jede viertel bis halbe Stunde
Nr. 14	Kalium bromatum	10

verbunden mit Verspannungen, Koliken, Muskelverkrampfungen
Nr. 7 Magnesium phosphoricum als „heiße 7"

vom Nacken aus über den Hinterkopf ausstrahlend – Spannungskopfschmerz
*Nr. 2 Calcium phosphoricum, Nr. 7 Magnesium phosphoricum, Nr. 8 Natrium chloratum

wenn sie gegen Abend und in der Wärme sich verstärken
Nr. 6 Kalium sulfuricum

wenn sie mit Erbrechen von Galle (grün) begleitet sind
Nr. 3 Ferrum phosphoricum, Nr. 7 Magnesium phosphoricum, *Nr. 10 Natrium sulfuricum

Krampfadern, Hämorrhoiden

allgemein

Tabelle 57: Einnahmeempfehlung für Krampfadern.

Mineralstoff		Stück/Tag
Nr. 1	Calcium fluoratum	7
Nr. 3	Ferrum phosphoricum	10
Nr. 4	Kalium chloratum	7
Nr. 9	Natrium phosphoricum	10
Nr. 11	Silicea	7

Die entsprechende Kombination sollte auch als Cremegel ebenfalls verwendet werden! Venenpflege!

bei Stauung
Nr. 10 Natrium sulfuricum

die Rückbildung wird gefördert durch
Nr. 1 Calcium fluoratum, Nr. 11 Silicea

juckend
Nr. 7 Magnesium phosphoricum

wenn Blutungen auftreten
Nr. 3 Ferrum phosphoricum, Nr. 4 Kalium chloratum, Nr. 5 Kalium phosphoricum

wenn Knoten oder Verhärtungen auftreten
Nr. 1 Calcium fluoratum

wenn sie durch schleimige Absonderungen bedeckt sind
Nr. 8 Natrium chloratum

Krämpfe

hysterisch: Wenn sich durch eine nervliche oder gefühlsmäßige Überspannung die Muskeln verkrampfen.
*Nr. 7 Magnesium phosphoricum, Nr. 8 Natrium chloratum

kurz und schmerzhaft – kolikartig
Nr. 7 Magnesium phosphoricum

Muskelkrämpfe
*Nr. 2 Calcium phosphoricum, Nr. 9 Natrium phosphoricum

Wadenkrämpfe
*Nr. 2 Calcium phosphoricum, Nr. 7 Magnesium phosphoricum, Nr. 9 Natrium phosphoricum

Krampfhusten

⇨ **Husten**

Kreislauf

Insuffizienz und Unregelmäßigkeiten
Nr. 2 Calcium phosphoricum, *Nr. 5 Kalium phosphoricum, Nr. 7 Magnesium phosphoricum, Nr. 8 Natrium chloratum

Schwäche – mit leichtem Schwindelgefühl verknüpft
Nr. 2 Calcium phosphoricum, Nr. 3 Ferrum phosphoricum, *Nr. 5 Kalium phosphoricum, Nr. 7 Magnesium phosphoricum, Nr. 8 Natrium chloratum

Kreuzschmerzen

Allgemein ⇨ Rücken

Tabelle 58: Einnahmeempfehlung bei Kreuzschmerzen.

Mineralstoff		Stück/Tag
Nr. 1	Calcium fluoratum	7
Nr. 2	Calcium phosphoricum	10
Nr. 3	Ferrum phosphoricum	10
Nr. 8	Natrium chloratum	10
Nr. 9	Natrium phosphoricum	20
Nr. 11	Silicea	10
Nr. 22	Calcium carbonicum	7

Ischiasschmerzen ⇨ Ischias

Leber

allgemein – zur Stärkung

Nr. 4 Kalium chloratum, Nr. 6 Kalium sulfuricum, *Nr. 10 Natrium sulfuricum, evtl. Nr. 20 Kalium-Aluminium sulfuricum

Die Mineralstoffkombination ist in der Anwendung als Cremegel bes. zu empfehlen.

Gelbsucht – Hepatitis

Nr. 7 Magnesium phosphoricum, *Nr. 10 Natrium sulfuricum

verbunden mit leichtem Fieber: Nr. 3 Ferrum phosphoricum
bei hohem Fieber: Nr. 5 Kalium phosphoricum

Schwellung

*Nr. 4 Kalium chloratum, Nr. 6 Kalium sulfuricum, Nr. 7 Magnesium phosphoricum, *Nr. 10 Natrium sulfuricum

Die Mineralstoffkombination ist in der Anwendung als Cremegel bes. zu empfehlen.

Leisten

Bruch

Nr. 1 Calcium fluoratum, Nr. 11 Silicea

Die Mineralstoffkombination ist in der Anwendung als Cremegel bes. zu empfehlen.

Lernen

Antriebsschwäche

*Nr. 5 Kalium phosphoricum, Nr. 8 Natrium chloratum

Konzentrationsschwäche

Nr. 3 Ferrum phosphoricum

Durch die Gaben von Nr. 3 wird die Sauerstoffversorgung im Gehirn verstärkt, wodurch die Leistungsfähigkeit wieder zunimmt.

Lernmischung – allgemein

Tabelle 59: Einnahmeempfehlung für Lernschwierigkeiten.

Mineralstoff		Stück/Tag
Nr. 3	Ferrum phosphoricum	10
Nr. 5	Kalium phosphoricum	10
Nr. 6	Kalium sulfuricum	10
Nr. 8	Natrium chloratum	10

Die Mischung kann so oft wie benötigt eingenommen werden.

Prüfungsangst – Prüfungsstress

Nr. 7 Magnesium phosphoricum als „heiße 7“

Lichtempfindlichkeit

Tabelle 60: Einnahmeempfehlung bei Lichtempfindlichkeit der Augen.

Mineralstoff		Stück/Tag
Nr. 3	Ferrum phosphoricum	5
Nr. 8	Natrium chloratum	5
Nr. 9	Natrium phosphoricum	7
Nr. 11	Silicea	10–20

durch eine Bindehautentzündung ⇨ Bindehautentzündung
*Nr. 3 Ferrum phosphoricum, Nr. 4 Kalium chloratum

Lid

Entzündung des Lidrandes – Blepharitis
*Nr. 3 Ferrum phosphoricum, Nr. 4 Kalium chloratum, *Nr. 8 Natrium chloratum, Nr. 9 Natrium phosphoricum, Nr. 11 Silicea
Die Mineralstoffkombination ist in der Anwendung als Salbe, Gel oder Cremegel bes. zu empfehlen.

Gersten- oder Hagelkorn
Nr. 1 Calcium fluoratum, *Nr. 9 Natrium phosphoricum, Nr. 11 Silicea

Lidschwellung
Nr. 3 Ferrum phosphoricum, Nr. 4 Kalium chloratum, *Nr. 10 Natrium sulfuricum

unwillkürliches Zucken der Lider
Nr. 11 Silicea

Verschluss – verklebt
Nr. 5 Kalium phosphoricum, *Nr. 8 Natrium chloratum

Lippen

aufgesprungene Lippen
Nr. 1 Calcium fluoratum, Nr. 3 Ferrum phosphoricum, Nr. 8 Natrium chloratum, Nr. 11 Silicea
Die Mineralstoffkombination ist in der Anwendung als Cremegel bes. zu empfehlen.

blaue Lippen
Nr. 1 Calcium fluoratum

Blutleere in den Lippen – blasse Lippen
Nr. 2 Calcium phosphoricum

rissige Lippen
*Nr. 1 Calcium fluoratum, Nr. 3 Ferrum phosphoricum
Die Mineralstoffkombination ist in der Anwendung als Cremegel bes. zu empfehlen.

Lungenverschleimung

⇨ **Husten**

Lymphdrüsen

Entzündung
Nr. 2 Calcium phosphoricum, *Nr. 3 Ferrum phosphoricum, Nr. 9 Natrium phosphoricum, Nr. 12 Calcium sulfuricum

Schwellung – Lymphknotenschwellung

Tabelle 61: Einnahmeempfehlung bei Lymphknotenschwellung.

Mineralstoff		Stück/Tag
Nr. 2	Calcium phosphoricum	10
Nr. 4	Kalium chloratum	10

Fortsetzung Tabelle 61:

Mineralstoff		Stück/Tag
Nr. 9	Natrium phosphoricum	20
Nr. 10	Natrium sulfuricum	20

Äußere Anwendung! Die Mineralstoffkombination ist in der Anwendung als Cremegel bes. zu empfehlen.

Lymphstau

geschwollene Lymphe infolge eines Säureüberschusses
Nr. 9 Natrium phosphoricum, Nr. 12 Calcium sulfuricum, Nr. 23 Natrium bicarbonicum

im Körper – allgemein
*Nr. 9 Natrium phosphoricum, Nr. 10 Natrium sulfuricum
Die Mineralstoffkombination ist in der Anwendung als Cremegel bes. zu empfehlen.

in den Beinen
Nr. 4 Kalium chloratum, *Nr. 9 Natrium phosphoricum, Nr. 10 Natrium sulfuricum
Die Mineralstoffkombination ist in der Anwendung als Cremegel bes. zu empfehlen.

infolge Infektionsabwehr
Nr. 3 Ferrum phosphoricum, Nr. 5 Kalium phosphoricum, Nr. 9 Natrium phosphoricum, Nr. 10 Natrium sulfuricum
Die Mineralstoffkombination ist in der Anwendung als Cremegel bes. zu empfehlen.

Magen

als ob ein Stein im Magen liege
Nr. 8 Natrium chloratum

Blutungen
Nr. 2 Calcium phosphoricum, *Nr. 3 Ferrum phosphoricum, Nr. 5 Kalium phosphoricum, Nr. 13 Kalium arsenicosum

⇨ **Erbrechen**

fehlender Magensaft
Nr. 8 Natrium chloratum

Geschwür – Ulcus
Nr. 5 Kalium phosphoricum, Nr. 8 Natrium chloratum, *Nr. 9 Natrium phosphoricum, Nr. 11 Silicea, Nr. 12 Calcium sulfuricum

nervöser Magen
*Nr. 7 Magnesium phosphoricum, Nr. 8 Natrium chloratum, Nr. 9 Natrium phosphoricum

Schleimhautentzündung ⇨ Gastritis

Unruhe in der Magen- und Lebergegend
*Nr. 7 Magnesium phosphoricum, Nr. 9 Natrium phosphoricum, Nr. 10 Natrium sulfuricum

Verlagerung – Senkung
*Nr. 1 Calcium fluoratum, Nr. 11 Silicea

Völlegefühl ⇨ Pankreas
Nr. 6 Kalium sulfuricum

Mandelentzündung

allgemein
*Nr. 3 Ferrum phosphoricum, Nr. 4 Kalium chloratum, Nr. 9 Natrium phosphoricum, Nr. 12 Calcium sulfuricum

begleitet von einem dicken, farblosen, schleimigen Belag
Nr. 9 Natrium phosphoricum

begleitet von einem üblen Mundgeruch
Nr. 5 Kalium phosphoricum
Sollte häufig gegeben werden, da durch den Mangel an Nr. 5 unter anderem eine ziemliche Erschöpfung angezeigt wird.

begleitet von eitrigem Belag, wie bei der eitrigen Angina
Nr. 9 Natrium phosphoricum, Nr. 11 Silicea, *Nr. 12 Calcium sulfuricum
Manchmal reicht die Nr. 12 allein.

mit erhöhter Temperatur
Nr. 3 Ferrum phosphoricum

wenn die Mandeln chronisch geschwollen sind
Nr. 7 Magnesium phosphoricum, *Nr. 9 Natrium phosphoricum, Nr. 11 Silicea, Nr. 12 Calcium sulfuricum

Masern

bei fortschreitender Krankheit im Wechsel mit folgenden Mineralstoffen
Nr. 4 Kalium chloratum, Nr. 7 Magnesium phosphoricum

im Abklingen der Krankheit, zur Unterstützung des Abschuppungsprozesses
Nr. 6 Kalium sulfuricum

wenn die Krankheit beginnt und sich der Organismus damit auseinandersetzt
Nr. 3 Ferrum phosphoricum, Nr. 4 Kalium chloratum

wenn hohes Fieber eintritt
*Nr. 5 Kalium phosphoricum, Nr. 8 Natrium chloratum

Die Nr. 5 sollte in rascher Folge gegeben werden. Wenn das hohe Fieber zurückgeht, zusätzlich die Nr. 8 geben.

zur allgemeinen Stärkung nach der Krankheit
*Nr. 2 Calcium phosphoricum, Nr. 5 Kalium phosphoricum, Nr. 8 Natrium chloratum

Meniskus

Verletzung
Nr. 1 Calcium fluoratum, Nr. 2 Calcium phosphoricum, Nr. 3 Ferrum phosphoricum, Nr. 4 Kalium chloratum, *Nr. 8 Natrium chloratum, Nr. 11 Silicea
Die Mineralstoffkombination ist in der Anwendung als Cremegel bes. zu empfehlen.

Menopause

⇨ **Wechseljahre**

Menstruation

begleitet von kolikartigen, krampfartigen Schmerzen, besonders zu Beginn
*Nr. 7 Magnesium phosphoricum, Nr. 21 Zincum chloratum

begleitet von Kopfschmerzen
Nr. 3 Ferrum phosphoricum, Nr. 8 Natrium chloratum, Nr. 10 Natrium sulfuricum, *Nr. 7 Magnesium phosphoricum als „heiße 7"

bei starken Blutungen – akut
*Nr. 1 Calcium fluoratum, Nr. 2 Calcium phosphoricum, Nr. 3 Ferrum phosphoricum, Nr. 5 Kalium phosphoricum, Nr. 11 Silicea, Nr. 12 Calcium sulfuricum

wenn sie zu früh kommt und zu lange dauert
Nr. 2 Calcium phosphoricum

zu starke Monatsblutung – Menorrhagie – vorsorgend
*Nr. 1 Calcium fluoratum, Nr. 2 Calcium phosphoricum, Nr. 10 Natrium sulfuricum

Zwischenblutungen
*Nr. 1 Calcium fluoratum, Nr. 7 Magnesium phosphoricum, Nr. 11 Silicea

Migräne

⇨ **Kopfschmerzen**

Milchschorf

bei Neugeborenen
Nr. 2 Calcium phosphoricum, Nr. 8 Natrium chloratum, Nr. 9 Natrium phosphoricum

bei starker Abschuppung auf klebrigem Untergrund
Nr. 6 Kalium sulfuricum

Mitesser

allgemein
Nr. 9 Natrium phosphoricum

Mittelohr

⇨ **Ohr**

Müdigkeit

Müdigkeit durch Übersäuerung
Nr. 9 Natrium phosphoricum

Ermüdung beim Autofahren

Tabelle 62: Einnahmeempfehlung für Anstrengungen beim Autofahren – Autofahrermischung.

Mineralstoff		Stück/Tag
Nr. 3	Ferrum phosphoricum	20
Nr. 5	Kalium phosphoricum	20
Nr. 6	Kalium sulfuricum	20
Nr. 8	Natrium chloratum	20
Nr. 9	Natrium phosphoricum	20

Die Mischung kann so oft eingenommen werden wie notwendig. Die Einnahme neben dem Autofahren ist sehr leicht möglich.

Durchhänger

Nr. 9 Natrium phosphoricum

Erschöpfung

Nr. 2 Calcium phosphoricum, Nr. 22 Calcium carbonicum

Müdigkeit durch Sauerstoffmangel, vorwiegend am späten Nachmittag

Nr. 3 Ferrum phosphoricum, *Nr. 6 Kalium sulfuricum

Mumps

allgemein

Nr. 3 Ferrum phosphoricum, Nr. 4 Kalium chloratum, Nr. 8 Natrium chloratum, Nr. 9 Natrium phosphoricum

begleitet von Mundgeruch

Nr. 5 Kalium phosphoricum

verbunden mit einem Geruch nach Käse aus dem Ohr

Nr. 6 Kalium sulfuricum, Nr. 7 Magnesium phosphoricum, *Nr. 9 Natrium phosphoricum

verbunden mit starkem Speichelfluss
Nr. 8 Natrium chloratum

wenn Gefahr besteht, dass die Drüsen verhärten (Neigung, Anlage!)
Nr. 1 Calcium fluoratum

Mund

Mundfäule
Nr. 3 Ferrum phosphoricum, *Nr. 5 Kalium phosphoricum, Nr. 8 Natrium chloratum, Nr. 12 Calcium sulfuricum

Mundsperre ⇨ Kiefersperre

wenn der Mund leicht austrocknet; wenig Speichel oder Verlust des Speichels
Nr. 8 Natrium chloratum

Mundbläschen

⇨ Aphthen

Mundgeruch

übel riechend
Nr. 5 Kalium phosphoricum

Mundwinkel

Entzündung – eingerissen
Nr. 1 Calcium fluoratum, *Nr. 3 Ferrum phosphoricum

rissig
Nr. 1 Calcium fluoratum

Zucken der Mundwinkel – unwillkürlich
Nr. 7 Magnesium phosphoricum, *Nr. 11 Silicea

Muskel

für anstrengende Arbeit, beugt dem Muskelkater vor
Nr. 3 Ferrum phosphoricum

Muskelkater
*Nr. 6 Kalium sulfuricum, Nr. 9 Natrium phosphoricum, Nr. 10 Natrium sulfuricum, Nr. 12 Calcium sulfuricum
Zusätzlich zur Sauerstoffversorgung und Neubildung und Regeneration des Muskelgewebes: Nr. 3 Ferrum phosphoricum, Nr. 5 Kalium phosphoricum, Nr. 8 Natrium chloratum
Die Mineralstoffkombination ist in der Anwendung als Cremegel bes. zu empfehlen.

Muskelkrämpfe
*Nr. 2 Calcium phosphoricum, Nr. 19 Cuprum arsenicosum
Die Mineralstoffkombination ist in der Anwendung als Cremegel bes. zu empfehlen.

Rheumatismus ⇨ Rheuma

Muskelzucken

während des Halbschlafes oder kurz vor dem Einschlafen
Nr. 11 Silicea

Mutterbänder

⇨ Gebärmutter

Muttermal – Angiom

allgemein
Nr. 5 Kalium phosphoricum, *Nr. 6 Kalium sulfuricum, Nr. 8 Natrium chloratum, Nr. 10 Natrium sulfuricum

Die Mineralstoffkombination ist in der Anwendung als Cremegel bes. zu empfehlen.

Myom

⇨ **Gebärmutter**

Nabelbruch

allgemein
Nr. 1 Calcium fluoratum, Nr. 5 Kalium phosphoricum, Nr. 8 Natrium chloratum, Nr. 11 Silicea
Die Mineralstoffkombination ist in der Anwendung als Cremegel bes. zu empfehlen.

Nachtblindheit

durch starke Spannung im Nacken ist der Energiefluss in den Kopf gestört
Nr. 2 Calcium phosphoricum

mangelndes Sehvermögen infolge der Anpassungsschwierigkeit
Nr. 5 Kalium phosphoricum, Nr. 8 Natrium chloratum, *Nr. 10 Natrium sulfuricum, Nr. 11 Silicea

Nachtschweiß

allgemein
Nr. 2 Calcium phosphoricum, Nr. 5 Kalium phosphoricum, *Nr. 8 Natrium chloratum, Nr. 9 Natrium phosphoricum, Nr. 11 Silicea

Nackenschmerzen

allgemein
*Nr. 2 Calcium phosphoricum, Nr. 9 Natrium phosphoricum, Nr. 11 Silicea

Nackenkrampf
Nr. 1 Calcium fluoratum, *Nr. 2 Calcium phosphoricum, Nr. 9 Natrium phosphoricum, Nr. 11 Silicea
Die Mineralstoffkombination ist in der Anwendung als Cremegel bes. zu empfehlen.

verbunden mit Steifheit
*Nr. 2 Calcium phosphoricum, Nr. 3 Ferrum phosphoricum, Nr. 7 Magnesium phosphoricum, Nr. 8 Natrium chloratum, Nr. 9 Natrium phosphoricum

wenn die Schmerzen über den Hinterkopf hinaufziehen
*Nr. 2 Calcium phosphoricum, Nr. 3 Ferrum phosphoricum, Nr. 5 Kalium phosphoricum, Nr. 8 Natrium chloratum

Nägel

brüchig – wenn sie sich in Schichten auflösen
Nr. 11 Silicea

eingewachsen
Nr. 1 Calcium fluoratum, Nr. 3 Ferrum phosphoricum (entzündet), Nr. 4 Kalium chloratum (noch nicht vereitert), Nr. 11 Silicea (bei Eiterungen: + Nr. 12 Calcium sulfuricum)

Nagelbetteiterung
Nr. 9 Natrium phosphoricum, Nr. 11 Silicea, Nr. 12 Calcium sulfuricum

Nagelbettentzündung
*Nr. 3 Ferrum phosphoricum, Nr. 9 Natrium phosphoricum, Nr. 11 Silicea

Pilze im Nagelbett ⇨ **Pilzerkrankung**

zu biegsam oder zu hart bzw. spröde
Nr. 1 Calcium fluoratum

Narben

die Narben werden weich und geschmeidig
*Nr. 1 Calcium fluoratum, Nr. 5 Kalium phosphoricum, Nr. 8 Natrium chloratum, Nr. 11 Silicea
Die Mineralstoffkombination ist in der Anwendung als Cremegel bes. zu empfehlen.

die Wundheilung wird unterstützt bzw. gefördert
Nr. 1 Calcium fluoratum, *Nr. 3 Ferrum phosphoricum, Nr. 5 Kalium phosphoricum, Nr. 8 Natrium chloratum, Nr. 9 Natrium phosphoricum, Nr. 11 Silicea
Die Mineralstoffkombination ist in der Anwendung als Cremegel bes. zu empfehlen.

Veränderungen an alten Narben
*Nr. 1 Calcium fluoratum, Nr. 5 Kalium phosphoricum, Nr. 8 Natrium chloratum, Nr. 11 Silicea
Die Mineralstoffkombination ist in der Anwendung als Cremegel bes. zu empfehlen.

wenn die Narben leicht aufbrechen
Nr. 2 Calcium phosphoricum, Nr. 3 Ferrum phosphoricum, *Nr. 5 Kalium phosphoricum, Nr. 8 Natrium chloratum, Nr. 11 Silicea
Die Mineralstoffkombination ist in der Anwendung als Cremegel bes. zu empfehlen.

Nasenbluten

allgemein
Nr. 2 Calcium phosphoricum, Nr. 4 Kalium chloratum,

Nr. 5 Kalium phosphoricum, *Nr. 8 Natrium chloratum (Nasengel)

durch das Aufplatzen von Adern mit sehr dünnem Bindegewebe
Nr. 1 Calcium fluoratum, Nr. 11 Silicea

durch die Verletzung allzu harter, eingetrockneter Schleimhäute
Nr. 8 Natrium chloratum

wenn Kinder leicht Nasenbluten haben
Nr. 2 Calcium phosphoricum, Nr. 3 Ferrum phosphoricum

Nerven

Tabelle 63: Einnahmeempfehlung bei extremer Nervosität.

Mineralstoff		Stück/Tag
Nr. 3	Ferrum phosphoricum	7
Nr. 5	Kalium phosphoricum	20
Nr. 7	Magnesium phosphoricum	3–5 x „heiße 7"
Nr. 8	Natrium chloratum	7
Nr. 9	Natrium phosphoricum	7
Nr. 11	Silicea	20
Nr. 14	Kalium bromatum	10
Nr. 15	Kalium jodatum	10

Schwäche
*Nr. 5 Kalium phosphoricum, Nr. 8 Natrium chloratum, Nr. 17 Manganum sulfuricum

starke Schmerzen verlangen zusätzlich
Nr. 5 Kalium phosphoricum, Nr. 7 Magnesium phosphoricum, Nr. 8 Natrium chloratum

wenn die Nerven „blank“ liegen, gereizt und überempfindlich sind
*Nr. 9 Natrium phosphoricum, Nr. 11 Silicea

Nesselausschlag – Urticaria

allgemein

Tabelle 64: Einnahmeempfehlung bei Nesselausschlag.

Mineralstoff		Stück/Tag
Nr. 2	Calcium phosphoricum	7
Nr. 3	Ferrum phosphoricum	10
Nr. 4	Kalium chloratum	10
Nr. 5	Kalium phosphoricum	7
Nr. 7	Magnesium phosphoricum	10
Nr. 8	Natrium chloratum	10
Nr. 10	Natrium sulfuricum	20

Neurodermitis

Tabelle 65: Einnahmeempfehlung bei Neurodermitis.

Mineralstoff		Stück/Tag
Nr. 2	Calcium phosphoricum	10
Nr. 4	Kalium chloratum	10–20
Nr. 6	Kalium sulfuricum	10–20
Nr. 7	Magnesium phosphoricum	3 x „heiße 7“
Nr. 8	Natrium chloratum	10–20
Nr. 9	Natrium phosphoricum	20
Nr. 10	Natrium sulfuricum	10–20
Nr. 12	Calcium sulfuricum	20
Nr. 24	Natrium bicarbonicum	7

Die Verwendung der Mineralstoffmischung als Cremegel ist sehr zu empfehlen!

Niere

bei Neigung zur Steinbildung

Nr. 2 Calcium phosphoricum, Nr. 7 Magnesium phosphoricum, *Nr. 9 Natrium phosphoricum, Nr. 11 Silicea

bei Schmerzen durch Steine

Nr. 7 Magnesium phosphoricum als „heiße 7"

der Abbau bzw. Abgang von Steinen wird gefördert

Nr. 2 Calcium phosphoricum, *Nr. 7 Magnesium phosphoricum, Nr. 9 Natrium phosphoricum, Nr. 11 Silicea

zur Stärkung des Organs

Nr. 3 Ferrum phosphoricum, *Nr. 5 Kalium phosphoricum, Nr. 8 Natrium chloratum, Nr. 9 Natrium phosphoricum

Nierengrieß

zur Unterstützung der Ausscheidung

*Nr. 7 Magnesium phosphoricum, Nr. 9 Natrium phosphoricum, Nr. 11 Silicea

Nierensteinkolik

die Austreibung des Steines fördert

Nr. 1 Calcium fluoratum, Nr. 5 Kalium phosphoricum, Nr. 7 Magnesium phosphoricum als „heiße 7"

wenn die Elastizität des Harnleiters unterstützt werden sollte

Nr. 1 Calcium fluoratum, *Nr. 7 Magnesium phosphoricum als „heiße 7"

Ödem

allgemein, bei Wasseransammlungen
Nr. 8 Natrium chloratum

bei schweren Fällen sollte noch dazugenommen werden
Nr. 5 Kalium phosphoricum, Nr. 11 Silicea

Ödem der Augenlider
Nr. 10 Natrium sulfuricum

Ohrerkrankungen, Mittelohr

Ausfluss ⇨ Schleimabsonderung

allgemein
Nr. 3 Ferrum phosphoricum

bei Druckgefühl im Ohr
Nr. 10 Natrium sulfuricum

Mittelohrentzündung
Nr. 3 Ferrum phosphoricum, Nr. 9 Natrium phosphoricum, Nr. 10 Natrium sulfuricum, Nr. 12 Calcium sulfuricum

Gehörsturz
Nr. 3 Ferrum phosphoricum

mit stechenden, klopfenden Schmerzen verbunden
Nr. 3 Ferrum phosphoricum

Ohrgeräusche durch Blutfülle, verbunden mit Erhöhung der Temperatur
Nr. 3 Ferrum phosphoricum

Ohrschmalz vermehrt
Nr. 6 Kalium sulfuricum, *Nr. 9 Natrium phosphoricum, Nr. 10 Natrium sulfuricum

Pfeifen im Ohr durch Verhärtung und Verengung der Aderwände
Nr. 1 Calcium fluoratum, Nr. 11 Silicea

Schleimabsonderung
glasklar, meistens aus der Nase – Nr. 8 Natrium chloratum
bräunlich gelb, ocker – Nr. 6 Kalium sulfuricum
grünlich gelb bis grünlich – Nr. 10 Natrium sulfuricum
weißlich – Nr. 4 Kalium chloratum
grau, meist zusätzlich (z. B. weißlich grau) – Nr. 5 Kalium phosphoricum

Schrunden und Risse am Ohransatz
Nr. 1 Calcium fluoratum
Die Mineralstoffkombination ist in der Anwendung als Cremegel bes. zu empfehlen.

Schwerhörigkeit durch verdicktes Blut, durch erhöhten Anteil an Faserstoff
Nr. 4 Kalium chloratum

Tinnitus aurium – Ohrensausen – Ohrgeräusche
Nr. 2 Calcium phosphoricum

verbunden mit Erhöhung der Temperatur
Nr. 3 Ferrum phosphoricum

wenn der Gehörgang geschwollen ist
Nr. 4 Kalium chloratum, Nr. 9 Natrium phosphoricum, Nr. 10 Natrium sulfuricum, Nr. 11 Silicea

wenn der Pulsschlag im Ohr belästigend zu hören ist
Nr. 3 Ferrum phosphoricum

Ohrgeräusche

allgemein
*Nr. 1 Calcium fluoratum, *Nr. 3 Ferrum phosphoricum, Nr. 4 Kalium chloratum, Nr. 10 Natrium sulfuricum, Nr. 11 Silicea

brummend
Nr. 3 Ferrum phosphoricum

pfeifend, weil das Blut durch die verengten Adern gepresst wird
*Nr. 1 Calcium fluoratum, Nr. 11 Silicea

verbunden mit beginnender Schwerhörigkeit
*Nr. 4 Kalium chloratum, Nr. 10 Natrium sulfuricum
Die beiden Mineralstoffe regulieren die Fließfähigkeit des Blutes und somit eine ungehinderte Durchblutung der feinen und feinsten Adern im Gehörbereich.

Operation

zur Nachbehandlung ⇨ Regeneration
zur Vorbereitung – langfristig
Nr. 2 Calcium phosphoricum, Nr. 3 Ferrum phosphoricum, *Nr. 5 Kalium phosphoricum, Nr. 8 Natrium chloratum, Nr. 11 Silicea, Nr. 22 Calcium carbonicum

Orangenhaut

⇨ Zellulitis

Osteoporose

allgemein

Tabelle 66: Einnahmeempfehlung bei Osteoporose.

Mineralstoff		Stück/Tag
Nr. 1	Calcium fluoratum	7
Nr. 2	Calcium phosphoricum	10–20
Nr. 3	Ferrum phosphoricum	7
Nr. 5	Kalium phosphoricum	7
Nr. 7	Magnesium phosphoricum	10–20
Nr. 9	Natrium phosphoricum	10
Nr. 11	Silicea	7
Nr. 15	Kalium jodatum	7–10
Nr. 22	Calcium carbonicum	7

Die Mineralstoffkombination ist in der Anwendung als Cremegel bes. zu empfehlen.
Bei gleichzeitig auftretenden Knorpelproblemen ist zusätzlich die Nr. 8 zu verabreichen.

Pankreas – Bauchspeicheldrüse

Belastungen bzw. Erkrankungen der Bauchspeicheldrüse
Nr. 4 Kalium chloratum, *Nr. 6 Kalium sulfuricum, *Nr. 7 Magnesium phosphoricum, Nr. 10 Natrium sulfuricum

Pankreatitis: Entzündung der Bauchspeicheldrüse
*Nr. 3 Ferrum phosphoricum, Nr. 6 Kalium sulfuricum

Paradentose – Parodontose

⇨ **Zahnfleischschwund**

PCP – Primär-chronische Polyarthritis

Nr. 3 Ferrum phosphoricum, *Nr. 8 Natrium chloratum, *Nr. 9 Natrium phosphoricum, Nr. 10 Natrium sulfuricum, Nr. 12 Calcium sulfuricum
Die Mineralstoffkombination ist in der Anwendung als Cremegel bes. zu empfehlen.

Penis

Phimose – Vorhautverengung
*Nr. 1 Calcium fluoratum, Nr. 5 Kalium phosphoricum, Nr. 8 Natrium chloratum, Nr. 11 Silicea
Die Mineralstoffkombination ist in der Anwendung als Cremegel bes. zu empfehlen.

Schrunden, Einrisse
Nr. 1 Calcium fluoratum
Auch als Salbe, Gel oder Cremegel.

Versteifungsschmerz
*Nr. 1 Calcium fluoratum, Nr. 10 Natrium sulfuricum, Nr. 11 Silicea
Die Mineralstoffkombination ist in der Anwendung als Cremegel bes. zu empfehlen.

Vorhaut – Verhärtung
*Nr. 1 Calcium fluoratum, Nr. 5 Kalium phosphoricum, Nr. 8 Natrium chloratum, Nr. 11 Silicea
Die Mineralstoffkombination ist in der Anwendung als Cremegel bes. zu empfehlen.

Pickel

⇨ **Akne**

Pilzerkrankung

Darmpilz

Tabelle 67: Einnahmeempfehlung bei Darmpilzerkrankungen.

Mineralstoff		Stück/Tag
Nr. 3	Ferrum phosphoricum	10
Nr. 5	Kalium phosphoricum	10
Nr. 6	Kalium sulfuricum	20
Nr. 8	Natrium chloratum	10
Nr. 9	Natrium phosphoricum	10
Nr. 10	Natrium sulfuricum	20
Nr. 23	Natrium bicarbonicum	7

Fußpilz

Tabelle 68: Einnahmeempfehlung bei Fußpilz.

Mineralstoff		Stück/Tag
Nr. 3	Ferrum phosphoricum	10
Nr. 5	Kalium phosphoricum	20
Nr. 6	Kalium sulfuricum	10
Nr. 8	Natrium chloratum	10
Nr. 9	Natrium phosphoricum	7
Nr. 10	Natrium sulfuricum	20

Die Mineralstoffkombination ist in der Anwendung als Cremegel bes. zu empfehlen.

Mund – Soor

Nr. 3 Ferrum phosphoricum, Nr. 4 Kalium chloratum, Nr. 12 Calcium sulfuricum

Pilze im Nagelbett

*Nr. 5 Kalium phosphoricum, Nr. 8 Natrium chloratum

Platzangst – Agoraphobie

allgemein

*Nr. 5 Kalium phosphoricum, Nr. 8 Natrium chloratum

Polyarthritis

⇨ **PCP**

Polypen – Nasenpolypen

Hauptmittel

Nr. 2 Calcium phosphoricum

weiterhin könnten noch erforderlich sein

Nr. 9 Natrium phosphoricum, Nr. 11 Silicea

Prellung

⇨ **Zerrung**

Prostata

Entzündung

*Nr. 3 Ferrum phosphoricum, Nr. 4 Kalium chloratum, Nr. 9 Natrium phosphoricum

vergrößert

Nr. 1 Calcium fluoratum, Nr. 7 Magnesium phosphoricum, Nr. 8 Natrium chloratum, Nr. 10 Natrium sulfuricum

Prüfungsangst

⇨ **Lernen**

Psoriasis

allgemein

*Nr. 6 Kalium sulfuricum, Nr. 7 Magnesium phosphoricum, Nr. 9 Natrium phosphoricum, Nr. 10 Natrium sulfuricum, Nr. 11 Silicea, Nr. 12 Calcium sulfuricum

zusätzlich können erforderlich sein, besonders im Frühjahr
Nr. 9 Natrium phosphoricum, Nr. 10 Natrium sulfuricum, Nr. 11 Silicea, Nr. 12 Calcium sulfuricum

Pulsschlag

beschleunigt
Nr. 2 Calcium phosphoricum

Quetschungen

als erste Hilfe
Nr. 3 Ferrum phosphoricum
In Mineralstoffform einnehmen und als Brei sofort auflegen.

bei Bluterguss
Nr. 11 Silicea

wenn eine Geschwulst sich gebildet hat oder zurückgeblieben ist
Nr. 4 Kalium chloratum, Nr. 12 Calcium sulfuricum

Räuspern

⇨ **Hüsteln**

Regeneration

nach einem Kollaps
Nr. 1 Calcium fluoratum, Nr. 2 Calcium phosphoricum, Nr. 3 Ferrum phosphoricum, Nr. 5 Kalium phosphoricum, Nr. 7 Magnesium phosphoricum, Nr. 8 Natrium chloratum, Nr. 12 Calcium sulfuricum

nach einem Schock

Nr. 2 Calcium phosphoricum, Nr. 3 Ferrum phosphoricum, Nr. 5 Kalium phosphoricum, Nr. 8 Natrium chloratum, Nr. 12 Calcium sulfuricum, Nr. 22 Calcium carbonicum

nach einer leichten Krankheit

Tabelle 69: Einnahmeempfehlung zur Regeneration nach einer leichten Krankheit.

Mineralstoff		Stück/Tag
Nr. 2	Calcium phosphoricum	7
Nr. 3	Ferrum phosphoricum	10
Nr. 4	Kalium chloratum	7
Nr. 5	Kalium phosphoricum	20
Nr. 8	Natrium chloratum	20
Nr. 10	Natrium sulfuricum	20

nach einer Operation

Tabelle 70: Einnahmeempfehlung nach einer Operation.

Mineralstoff		Stück/Tag
Nr. 2	Calcium phosphoricum	10
Nr. 3	Ferrum phosphoricum	20
Nr. 4	Kalium chloratum	20
Nr. 5	Kalium phosphoricum	20
Nr. 8	Natrium chloratum	20
Nr. 10	Natrium sulfuricum	20
Nr. 22	Calcium carbonicum	10

Die Mineralstoffkombination ist in der Anwendung als Cremegel bes. zu empfehlen.

nach einer schweren Krankheit

Tabelle 71: Einnahmeempfehlung nach einer schweren Krankheit.

Mineralstoff		Stück/Tag
Nr. 2	Calcium phosphoricum	20
Nr. 3	Ferrum phosphoricum	20
Nr. 5	Kalium phosphoricum	20
Nr. 6	Kalium sulfuricum	20–30
Nr. 8	Natrium chloratum	20
Nr. 10	Natrium sulfuricum	20–30
Nr. 22	Calcium carbonicum	7–10

Reisen

Reiseangst

Nr. 7 Magnesium phosphoricum als „heiße 7"

Reisekrankheit

Tabelle 72: Einnahmeempfehlung bei Reisekrankheit.

Mineralstoff		Stück/Tag
Nr. 1	Calcium fluoratum	7
Nr. 2	Calcium phosphoricum	10
Nr. 3	Ferrum phosphoricum	10
Nr. 4	Kalium chloratum	10
Nr. 5	Kalium phosphoricum	20
Nr. 7	Magnesium phosphoricum	3–5 x „heiße 7"
Nr. 9	Natrium phosphoricum	7–10

Reizblase

⇨ **Blase – Harnblase**

Rheuma – Rheumatismus

Tabelle 73: Einnahmeempfehlung bei Gelenkrheumatismus.

Mineralstoff		Stück/Tag
Nr. 3	Ferrum phosphoricum	10
Nr. 4	Kalium chloratum	10
Nr. 8	Natrium chloratum	20
Nr. 9	Natrium phosphoricum	30
Nr. 11	Silicea	10
Nr. 12	Calcium sulfuricum	10
Nr. 16	Lithium chloratum	7

Die Mineralstoffkombination ist in der Anwendung als Cremegel bes. zu empfehlen.

mit Fieber
Nr. 3 Ferrum phosphoricum, Nr. 8 Natrium chloratum

bei geschwollenen Gelenken zusätzlich
Nr. 8 Natrium chloratum, Nr. 10 Natrium sulfuricum

bei reißenden Schmerzen
*Nr. 9 Natrium phosphoricum, Nr. 11 Silicea, Nr. 12 Calcium sulfuricum

besonders der kleinen Gelenke (zusätzlich)
Nr. 16 Lithium chloratum

chronische Schmerzen
Nr. 2 Calcium phosphoricum, *Nr. 9 Natrium phosphoricum, Nr. 11 Silicea

Muskelrheumatismus – Weichteilrheumatismus
Nr. 3 Ferrum phosphoricum, Nr. 6 Kalium sulfuricum, *Nr. 9 Natrium phosphoricum, *Nr. 11 Silicea
Die Mineralstoffkombination ist in der Anwendung als Cremegel bes. zu empfehlen.

Rippenprellung

durch Verletzung
*Nr. 3 Ferrum phosphoricum, Nr. 5 Kalium phosphoricum, Nr. 8 Natrium chloratum
Die Mineralstoffkombination ist in der Anwendung als Cremegel bes. zu empfehlen.

Röteln

nach Infektion ein 2–3 Tage dauernder Ausschlag in Form von rosaroten Flecken
*Nr. 2 Calcium phosphoricum, Nr. 3 Ferrum phosphoricum, *Nr. 9 Natrium phosphoricum, Nr. 10 Natrium sulfuricum, Nr. 12 Calcium sulfuricum
Die Mineralstoffkombination ist in der Anwendung als Cremegel bes. zu empfehlen.

Rückenschmerzen

allgemein
Nr. 1 Calcium fluoratum, *Nr. 2 Calcium phosphoricum, Nr. 3 Ferrum phosphoricum, Nr. 5 Kalium phosphoricum, Nr. 8 Natrium chloratum, *Nr. 9 Natrium phosphoricum, Nr. 11 Silicea
Die Mineralstoffkombination ist in der Anwendung als Cremegel bes. zu empfehlen.

als Folge der Zerrung von Muskeln
Nr. 3 Ferrum phosphoricum

⇨ **Hexenschuss**

Kyphose – Skoliose – Rückgratverkrümmung – wenn sie Schmerzen verursacht
*Nr. 1 Calcium fluoratum, *Nr. 2 Calcium phosphoricum,

Nr. 3 Ferrum phosphoricum, Nr. 7 Magnesium phosphoricum, Nr. 8 Natrium chloratum, Nr. 11 Silicea
Die Mineralstoffkombination ist in der Anwendung als Cremegel bes. zu empfehlen.

mit erhöhter Temperatur örtlich oder des ganzen Körpers
Nr. 3 Ferrum phosphoricum

verbunden mit Kribbeln oder Taubheitsgefühl
Nr. 2 Calcium phosphoricum

Säugling

Bauchkrämpfe
Nr. 2 Calcium phosphoricum, Nr. 7 Magnesium phosphoricum, Nr. 10 Natrium sulfuricum
Die Mineralstoffkombination ist in der Anwendung als Salbe bes. zu empfehlen (damit leicht den Bauch massieren), auch als Umschlag.

bei saurem Aufstoßen
Nr. 9 Natrium phosphoricum

kolikartige Schmerzen durch Blähungen
Nr. 7 Magnesium phosphoricum, Nr. 10 Natrium sulfuricum

Säuglingsschnupfen
Nr. 5 Kalium phosphoricum, Nr. 8 Natrium chloratum

Stühle grasgrün
Nr. 10 Natrium sulfuricum

Stuhlverstopfung
Nr. 3 Ferrum phosphoricum, Nr. 8 Natrium chloratum

Scheide

brennend und wund, Juckreiz
Nr. 6 Kalium sulfuricum, *Nr. 8 Natrium chloratum, Nr. 10 Natrium sulfuricum

erhöhte Reizbarkeit
Nr. 3 Ferrum phosphoricum, Nr. 7 Magnesium phosphoricum, Nr. 11 Silicea

Scheidenpilz
Nr. 3 Ferrum phosphoricum, *Nr. 5 Kalium phosphoricum, Nr. 8 Natrium chloratum, Nr. 10 Natrium sulfuricum

wenn die Schleimhäute sehr trocken sind
Nr. 6 Kalium sulfuricum, *Nr. 8 Natrium chloratum, Nr. 9 Natrium phosphoricum
Die Mineralstoffkombination ist in der Anwendung als Cremegel bes. zu empfehlen.

wenn sie trocken und heiß ist
Nr. 3 Ferrum phosphoricum
Auch als Salbe, Gel oder Cremegel.

Scheuermann – Morbus Scheuermann

Wirbelsäulenerkrankung im jugendlichen Alter
Nr. 1 Calcium fluoratum, *Nr. 2 Calcium phosphoricum, Nr. 8 Natrium chloratum, Nr. 9 Natrium phosphoricum, Nr. 11 Silicea, Nr. 22 Calcium carbonicum

Schilddrüse

bei verhärteten Drüsen
*Nr. 1 Calcium fluoratum, Nr. 11 Silicea

Kropf – Anschwellung der Schilddrüse
Nr. 1 Calcium fluoratum, Nr. 2 Calcium phosphoricum, Nr. 4 Kalium chloratum, Nr. 7 Magnesium phosphoricum, *Nr. 15 Kalium jodatum

Überfunktion – Hyperthyreose
Nr. 14 Kalium bromatum, *Nr. 15 Kalium jodatum

Unterfunktion
Nr. 14 Kalium bromatum, *Nr. 15 Kalium jodatum

Schlaflosigkeit

allgemein
Nr. 7 Magnesium phosphoricum als „heiße 7“ („löscht das Licht aus“), Nr. 21 Zincum chloratum

begleitet von dem Verlangen nach frischer Luft
Nr. 6 Kalium sulfuricum

begleitet von starken Schweißausbrüchen in der Nacht
Nr. 8 Natrium chloratum

durch Übermüdung und der damit verbundenen Überreiztheit
*Nr. 2 Calcium phosphoricum, Nr. 5 Kalium phosphoricum, *Nr. 7 Magnesium phosphoricum, Nr. 8 Natrium chloratum, Nr. 11 Silicea

man kommt nur langsam in Schwung und ist am Abend fit
*Nr. 9 Natrium phosphoricum, Nr. 11 Silicea

mit Zerschlagenheit am Morgen als Folge
*Nr. 10 Natrium sulfuricum, Nr. 11 Silicea

verbunden mit einem zu schnellen Puls
Nr. 2 Calcium phosphoricum

verbunden mit einer inneren Unruhe
*Nr. 7 Magnesium phosphoricum, Nr. 8 Natrium chloratum, Nr. 15 Kalium jodatum

Schlaftrunk – „Cocktail“

für einen erholsamen, erfrischenden Schlaf

Tabelle 74: Einnahmeempfehlung für einen erholsamen Schlaf.

Mineralstoff		Stück/Tag
Nr. 2	Calcium phosphoricum	10
Nr. 6	Kalium sulfuricum	20
Nr. 7	Magnesium phosphoricum	10
Nr. 8	Natrium chloratum	10
Nr. 9	Natrium phosphoricum	10
Nr. 10	Natrium sulfuricum	20
Nr. 23	Natrium bicarbonicum	7

Schleimbeutelentzündung

Tabelle 75: Einnahmeempfehlung bei Schleimbeutelentzündung.

Mineralstoff		Stück/Tag
Nr. 3	Ferrum phosphoricum	20–30
Nr. 4	Kalium chloratum	10–20
Nr. 8	Natrium chloratum	20
Nr. 10	Natrium sulfuricum	20
Nr. 11	Silicea	10

Zu Beginn der äußeren Versorgung sollten die Mineralstoffe als Brei aufgelegt werden, später als Cremegel.

Schleimhäute

Entzündung

*Nr. 3 Ferrum phosphoricum, Nr. 4 Kalium chloratum,

Nr. 5 Kalium phosphoricum, Nr. 6 Kalium sulfuricum, *Nr. 8 Natrium chloratum, Nr. 10 Natrium sulfuricum, Nr. 12 Calcium sulfuricum

Schleimhautentzündung ⇨ Mund ⇨ Gebärmutter

trocken
Nr. 6 Kalium sulfuricum, *Nr. 8 Natrium chloratum, Nr. 9 Natrium phosphoricum

Schlundbrennen – Brennen in der Speiseröhre

allgemein
Nr. 8 Natrium chloratum

Schnittwunden

als erste Hilfe
Nr. 3 Ferrum phosphoricum
Innerlich und äußerlich (als Brei) anzuwenden – Pulver!

wenn die Wunde schlecht verheilt ⇨ Narben
Nr. 1 Calcium fluoratum, *Nr. 3 Ferrum phosphoricum, Nr. 5 Kalium phosphoricum, Nr. 6 Kalium sulfuricum, Nr. 8 Natrium chloratum, Nr. 11 Silicea, Nr. 12 Calcium sulfuricum
Die Mineralstoffkombination ist in der Anwendung als Salbe oder Cremegel besonders zu empfehlen.

Schnupfen

bräunlich gelb – schleimig
Nr. 6 Kalium sulfuricum

dicke gelb-eitrige Absonderungen
Nr. 9 Natrium phosphoricum, Nr. 11 Silicea, Nr. 12 Calcium sulfuricum

fließend, wässrig-durchsichtig, glasig, Tröpfchen an der Nase
Nr. 8 Natrium chloratum

Fließschnupfen – allgemein
Nr. 8 Natrium chloratum

grünlich gelb – schleimig
Nr. 10 Natrium sulfuricum

Stockschnupfen
Nr. 4 Kalium chloratum, Nr. 12 Calcium sulfuricum

verbunden mit dem Verlangen nach frischer Luft
Nr. 6 Kalium sulfuricum

verbunden mit heißer Stirn
Nr. 3 Ferrum phosphoricum

Verlust des Geruchs oder Geschmacks
Nr. 8 Natrium chloratum

Schock

allgemein – zur Lockerung der Verkrampfung
*Nr. 2 Calcium phosphoricum, Nr. 3 Ferrum phosphoricum, Nr. 5 Kalium phosphoricum, Nr. 7 Magnesium phosphoricum, Nr. 12 Calcium sulfuricum

mit Übelkeit
*Nr. 2 Calcium phosphoricum, Nr. 3 Ferrum phosphoricum, *Nr. 5 Kalium phosphoricum, Nr. 6 Kalium sulfuricum, Nr. 8 Natrium chloratum

Schrunden

Risse in oberflächlich verhärteter Haut

Nr. 1 Calcium fluoratum

Auch als Salbe oder Cremegel.

Schrunden durch Kälte

*Nr. 1 Calcium fluoratum, Nr. 8 Natrium chloratum, Nr. 11 Silicea

Die Mineralstoffkombination ist in der Anwendung als Cremegel bes. zu empfehlen.

Schürfwunden

⇨ **Wunden**

Schultergelenkentzündung

⇨ **Gelenkentzündung**

Schuppen

⇨ **Haare**

Schuppenflechte

⇨ **Psoriasis**

Schwangerschaft ⇨ „Schüßler-Salze für Frauen" (⇨ S. 240)

bei Neigung zu schwachem Bindegewebe, Schwangerschaftsrisse

*Nr. 1 Calcium fluoratum, Nr. 5 Kalium phosphoricum, Nr. 8 Natrium chloratum, *Nr. 11 Silicea

Die Mineralstoffkombination ist in der Anwendung als Cremegel bes. zu empfehlen.

bei Wadenkrämpfen
Nr. 2 Calcium phosphoricum

Brustpflege bzw. Vorbereitung ⇨ Brustwarzen
leicht erhöhte Temperatur während der ersten Wochen (ist normal)
Nr. 3 Ferrum phosphoricum

Schwangerschaftserbrechen ⇨ Übelkeit
Nr. 3 Ferrum phosphoricum, *Nr. 5 Kalium phosphoricum, Nr. 8 Natrium chloratum, Nr. 9 Natrium phosphoricum

Schwangerschaftsflecken
Nr. 6 Kalium sulfuricum

verbunden mit üblem Mundgeruch
Nr. 5 Kalium phosphoricum

zur Kräftigung und Stärkung der Mutter
*Nr. 2 Calcium phosphoricum, Nr. 5 Kalium phosphoricum, Nr. 8 Natrium chloratum

zur Unterstützung der Wehen
Nr. 7 Magnesium phosphoricum

Schweiß

bei Neigung zum Schweißausbruch
Nr. 2 Calcium phosphoricum, Nr. 15 Kalium jodatum

fettiger
Nr. 8 Natrium chloratum, Nr. 9 Natrium phosphoricum

hauptsächlich im Kopfhaarbereich
Nr. 2 Calcium phosphoricum

rein wässrig
Nr. 8 Natrium chloratum

sauer riechend
*Nr. 9 Natrium phosphoricum, Nr. 22 Calcium carbonicum, Nr. 23 Natrium bicarbonicum

unangenehmer Schweiß an Händen und Füßen – Schweißfuß
*Nr. 9 Natrium phosphoricum, Nr. 11 Silicea

vor allem in der Nacht
Nr. 8 Natrium chloratum

wenn jemand kaum oder nicht schwitzen kann
Nr. 8 Natrium chloratum

Schwielen

allgemein
Nr. 1 Calcium fluoratum, Nr. 5 Kalium phosphoricum, Nr. 8 Natrium chloratum
Auch als Salbe oder Cremegel.

Schwindelgefühl

durch eine Blutleere im Kopf verursacht
*Nr. 3 Ferrum phosphoricum, Nr. 5 Kalium phosphoricum, Nr. 8 Natrium chloratum

durch einen Blutandrang im Kopf
Nr. 3 Ferrum phosphoricum

durch übertriebene Hektik
Nr. 15 Kalium jodatum

nach längerer Bettlägrigkeit, beim Aufstehen
*Nr. 2 Calcium phosphoricum, Nr. 5 Kalium phosphoricum, Nr. 8 Natrium chloratum

Sehnen

Schmerzen wegen Überlastung
*Nr. 1 Calcium fluoratum, Nr. 5 Kalium phosphoricum, Nr. 8 Natrium chloratum, Nr. 9 Natrium phosphoricum, *Nr. 11 Silicea
Die Mineralstoffkombination ist in der Anwendung als Cremegel bes. zu empfehlen.

Verkürzung, Verhärtung, Vernarbung
*Nr. 1 Calcium fluoratum, Nr. 5 Kalium phosphoricum, Nr. 8 Natrium chloratum
Die Mineralstoffkombination ist in der Anwendung als Cremegel bes. zu empfehlen.

Verlängerung – „Schlottergelenke"
*Nr. 1 Calcium fluoratum, Nr. 11 Silicea
Die Mineralstoffkombination ist in der Anwendung als Cremegel bes. zu empfehlen.

Sehnenscheidenentzündung

allgemein

Tabelle 76: Einnahmeempfehlung bei Sehnenscheidenentzündung.

Mineralstoff		Stück/Tag
Nr. 1	Calcium fluoratum	10
Nr. 3	Ferrum phosphoricum	20
Nr. 5	Kalium phosphoricum	7
Nr. 8	Natrium chloratum	20
Nr. 9	Natrium phosphoricum	10
Nr. 11	Silicea	10

Die Mineralstoffkombination ist in der Anwendung vorerst als Brei dann später als Salbe oder Cremegel bes. zu empfehlen.

Seitenstechen

allgemein
Nr. 7 Magnesium phosphoricum, Nr. 8 Natrium chloratum

Sinusitis

Tabelle 77: Einnahmeempfehlung bei Problemen in den Nebenhöhlen – chronisch.

Mineralstoff		Stück/Tag
Nr. 3	Ferrum phosphoricum	10
Nr. 4	Kalium chloratum	10
Nr. 6	Kalium sulfuricum	10
Nr. 8	Natrium chloratum	20–30
Nr. 10	Natrium sulfuricum	10
Nr. 12	Calcium sulfuricum	7

Entzündung – akut
*Nr. 3 Ferrum phosphoricum, Nr. 4 Kalium chloratum, Nr. 6 Kalium sulfuricum, Nr. 8 Natrium chloratum, Nr. 12 Calcium sulfuricum
Die Mineralstoffkombination ist in der Anwendung als Cremegel bes. zu empfehlen.

Sodbrennen

allgemein, Druck im Magen, als wenn ein Stein im Magen läge, brennt nur unten
Nr. 9 Natrium phosphoricum

Aufstoßen
sauer – Nr. 9 Natrium phosphoricum

bitter – Nr. 10 Natrium sulfuricum
unverdaute Speisen – Nr. 3 Ferrum phosphoricum
von Luft – Nr. 7 Magnesium phosphoricum
Völle, Blähungen – Nr. 6 Kalium sulfuricum

Sonnenallergie

durch die Einstrahlung der Sonne entstehen rote Flecken und Bläschen

Tabelle 78: Einnahmeempfehlung bei Sonnenallergie.

Mineralstoff		Stück/Tag
Nr. 3	Ferrum phosphoricum	10
Nr. 6	Kalium sulfuricum	20
Nr. 8	Natrium chloratum	20
Nr. 10	Natrium sulfuricum	20–50
Nr. 12	Calcium sulfuricum	10

Die Mineralstoffkombination ist in der Anwendung als Cremegel bes. zu empfehlen.

Sonnenbrand

nach übermäßigem Aufenthalt in der Sonne
Nr. 1 Calcium fluoratum, *Nr. 3 Ferrum phosphoricum, Nr. 5 Kalium phosphoricum, Nr. 6 Kalium sulfuricum, Nr. 8 Natrium chloratum, Nr. 11 Silicea
Zu Beginn der äußeren Versorgung sollten die Mineralstoffe als Brei aufgelegt werden, später als Cremegel.

Star

Grauer Star – Katarakt
Nr. 1 Calcium fluoratum, Nr. 4 Kalium chloratum, *Nr. 8

Natrium chloratum, Nr. 9 Natrium phosphoricum, Nr. 11 Silicea

Grüner Star – Glaukom
Nr. 4 Kalium chloratum, Nr. 5 Kalium phosphoricum, Nr. 7 Magnesium phosphoricum, Nr. 8 Natrium chloratum, *Nr. 10 Natrium sulfuricum, Nr. 11 Silicea

Linsentrübung durch Trockenheit – mangelnde Tränenflüssigkeit
Nr. 8 Natrium chloratum

Steinbildung

Abbau der Steine **⇨ Niere**
Nr. 2 Calcium phosphoricum, Nr. 7 Magnesium phosphoricum, *Nr. 9 Natrium phosphoricum, Nr. 11 Silicea

wird verhindert durch den Abbau der Säure im Körper
Nr. 9 Natrium phosphoricum

Stillen

Abstillen, zu viel Milch
Nr. 10 Natrium sulfuricum

Zu wenig Milch
Nr. 4 Kalium chloratum, Nr. 8 Natrium chloratum

Stoffwechsel

allgemein
Nr. 3 Ferrum phosphoricum, Nr. 4 Kalium chloratum, Nr. 12 Calcium sulfuricum

die Entschlackung wird allgemein gefördert durch
Nr. 6 Kalium sulfuricum, Nr. 8 Natrium chloratum, *Nr. 10 Natrium sulfuricum, Nr. 23 Natrium bicarbonicum

Förderung der Stoffwechselvorgänge
Nr. 21 Zincum chloratum, Nr. 23 Natrium bicarbonicum

Struma

⇨ **Schilddrüse**

Stuhl

Blähungskolik ⇨ **Blähungen**

Darmkatarrh verbunden mit heißem Kopf
Nr. 3 Ferrum phosphoricum

Darmträgheit – chronisch ⇨ **Stuhlverstopfung**

Durchfälle beim Zahnen
Nr. 2 Calcium phosphoricum, Nr. 5 Kalium phosphoricum, *Nr. 8 Natrium chloratum

Durchfälle kleiner Kinder grasgrün
Nr. 10 Natrium sulfuricum

gelblich grüne Durchfälle kleiner Kinder, wie gehackt (geronnen)
Nr. 9 Natrium phosphoricum

Stuhlverstopfung

begleitet von kolikartigen Verkrampfungen
*Nr. 7 Magnesium phosphoricum, Nr. 20 Kalium-Aluminium sulfuricum

chronisch – habituell
Nr. 3 Ferrum phosphoricum, Nr. 7 Magnesium phosphoricum, Nr. 8 Natrium chloratum, Nr. 9 Natrium phosphoricum, Nr. 10 Natrium sulfuricum

Hartleibigkeit verbunden mit heißer Stirn
Nr. 3 Ferrum phosphoricum

verbunden mit Völlegefühl und Druck auf dem Bauch
Nr. 6 Kalium sulfuricum

wenn sich dabei die Winde im Dickdarm stauen
Nr. 10 Natrium sulfuricum

Tennisarm

durch Überanstrengung der Schultermuskulatur – Ausstrahlung in den Ellbogen

Tabelle 79: Einnahmeempfehlung bei Tennisarm.

Mineralstoff		Stück/Tag
Nr. 1	Calcium fluoratum	10
Nr. 2	Calcium phosphoricum	20–30
Nr. 3	Ferrum phosphoricum	20
Nr. 8	Natrium chloratum	20
Nr. 9	Natrium phosphoricum	10
Nr. 11	Silicea	10

Die Mineralstoffkombination ist in der Anwendung als Cremegel bes. zu empfehlen, v. a. auch im Bereich des Schulterblattes anzuwenden.

Tränen

⇨ **Augen**

Tränensack

Entzündung
*Nr. 3 Ferrum phosphoricum, Nr. 8 Natrium chloratum, Nr. 10 Natrium sulfuricum, Nr. 12 Calcium sulfuricum
Auch als Cremegel empfehlenswert.

Schwellung
Nr. 10 Natrium sulfuricum

Trigeminusneuralgie

Schmerzen, die sich über Ober- und Unterkiefer hinziehen
*Nr. 2 Calcium phosphoricum, Nr. 5 Kalium phosphoricum, Nr. 8 Natrium chloratum, Nr. 11 Silicea
Die Mineralstoffkombination ist in der Anwendung als Cremegel bes. zu empfehlen.

zusätzlich könnte benötigt werden
Nr. 7 Magnesium phosphoricum als „heiße 7"

Trinken

ein dauerndes Durstgefühl schwächt ab
Nr. 8 Natrium chloratum

wenn das Trinken von kaltem Wasser Schwierigkeiten bereitet
Nr. 3 Ferrum phosphoricum, Nr. 8 Natrium chloratum

Übelkeit

bei Reisekrankheit ⇨ **Reisekrankheit**

durch Überforderung
*Nr. 5 Kalium phosphoricum, Nr. 8 Natrium chloratum

allgemein
Nr. 3 Ferrum phosphoricum, *Nr. 5 Kalium phosphoricum, Nr. 6 Kalium sulfuricum, Nr. 10 Natrium sulfuricum

mit Brechreiz
Nr. 3 Ferrum phosphoricum, *Nr. 5 Kalium phosphoricum, Nr. 8 Natrium chloratum

nach dem Essen
Nr. 5 Kalium phosphoricum, *Nr. 6 Kalium sulfuricum

Überbein

allgemein
*Nr. 1 Calcium fluoratum, Nr. 8 Natrium chloratum, Nr. 9 Natrium phosphoricum, Nr. 11 Silicea
Die Mineralstoffkombination ist in der Anwendung als Cremegel bes. zu empfehlen.

Übersäuerung

des Magens
Nr. 9 Natrium phosphoricum

vom Gewebe
*Nr. 9 Natrium phosphoricum, Nr. 12 Calcium sulfuricum, Nr. 23 Natrium bicarbonicum

Ulcus

Ulcus cruris

Tabelle 80: Einnahmeempfehlung bei Unterschenkelgeschwür.

Mineralstoff		Stück/Tag
Nr. 3	Ferrum phosphoricum	10
Nr. 4	Kalium chloratum	20
Nr. 5	Kalium phosphoricum	10
Nr. 6	Kalium sulfuricum	20–30
Nr. 9	Natrium phosphoricum	20
Nr. 10	Natrium sulfuricum	30–50

Fortsetzung Tabelle 80:

Mineralstoff		Stück/Tag
Nr. 12	Calcium sulfuricum	10
Nr. 24	Arsenum jodatum	10

Zu Beginn der äußeren Versorgung sollten die Mineralstoffe als Brei aufgelegt werden, später als Salbe oder Cremegel.

begleitet von geschwollenen Leistendrüsen
Nr. 4 Kalium chloratum, Nr. 7 Magnesium phosphoricum, Nr. 8 Natrium chloratum, *Nr. 9 Natrium phosphoricum, *Nr. 10 Natrium sulfuricum

verbunden mit einem wässrigen, bläulich roten Hof
Nr. 7 Magnesium phosphoricum, *Nr. 10 Natrium sulfuricum

verbunden mit erhöhter lokaler Temperatur
Nr. 3 Ferrum phosphoricum

Ulkus, Geschwür – allgemein
Nr. 1 Calcium fluoratum, *Nr. 9 Natrium phosphoricum, Nr. 11 Silicea, Nr. 12 Calcium sulfuricum
Die Mineralstoffkombination ist in der Anwendung als Gel oder Cremegel bes. zu empfehlen.

⇨ **Magen**

Umknicken der Knöchel

Bänderschwäche
*Nr. 1 Calcium fluoratum, Nr. 5 Kalium phosphoricum, Nr. 8 Natrium chloratum, Nr. 11 Silicea, Nr. 22 Calcium carbonicum
Die Mineralstoffkombination ist in der Anwendung als Cremegel bes. zu empfehlen.

Urin

⇨ **Harn**

Venen

⇨ **Krampfadern**

Verbrennung – Combustio

akut
Nr. 3 Ferrum phosphoricum, Nr. 8 Natrium chloratum
Äußerlich auch als Brei, später als Gel oder Cremegel.

eiternd
Nr. 9 Natrium phosphoricum, Nr. 11 Silicea, *Nr. 12 Calcium sulfuricum

Verdauungsstörungen

⇨ **Darm, Darmkatarrh, Durchfall und Magen**

Verhärtungen

allgemein
*Nr. 1 Calcium fluoratum, Nr. 5 Kalium phosphoricum, Nr. 8 Natrium chloratum
Die Mineralstoffkombination ist in der Anwendung als Cremegel bes. zu empfehlen.

Verlangen nach

Alkohol
Nr. 7 Magnesium phosphoricum, *Nr. 8 Natrium chloratum

Bewegung
Nr. 2 Calcium phosphoricum, Nr. 11 Silicea

Bitterem
Nr. 6 Kalium sulfuricum, *Nr. 10 Natrium sulfuricum

Essen – Heißhunger
Nr. 9 Natrium phosphoricum

Essig
Nr. 2 Calcium phosphoricum, Nr. 8 Natrium chloratum

Fisch
*Nr. 2 Calcium phosphoricum, Nr. 15 Kalium jodatum

Fleisch
*Nr. 2 Calcium phosphoricum, Nr. 8 Natrium chloratum, Nr. 9 Natrium phosphoricum

frischer Luft
Nr. 6 Kalium sulfuricum

Geräuchertem – Speck
Nr. 2 Calcium phosphoricum

Kaffee
Nr. 3 Ferrum phosphoricum, Nr. 7 Magnesium phosphoricum

Kakao, Schokolade
Nr. 7 Magnesium phosphoricum

Kochsalz
Nr. 8 Natrium chloratum

Mehlspeisen
Nr. 9 Natrium phosphoricum

Milch
Nr. 2 Calcium phosphoricum, Nr. 4 Kalium chloratum

nach stark gewürzten Speisen
Nr. 2 Calcium phosphoricum, Nr. 8 Natrium chloratum

Nikotin
Nr. 6 Kalium sulfuricum, Nr. 7 Magnesium phosphoricum

Nüssen
Nr. 5 Kalium phosphoricum

Saurem
Nr. 4 Kalium chloratum, Nr. 7 Magnesium phosphoricum, Nr. 8 Natrium chloratum

Süßigkeiten
*Nr. 9 Natrium phosphoricum, Nr. 11 Silicea

Verletzungen

erste Hilfe
Nr. 3 Ferrum phosphoricum

Schlag – Stoß – wie benommen
*Nr. 3 Ferrum phosphoricum, Nr. 5 Kalium phosphoricum, Nr. 8 Natrium chloratum

⇨ **Wunden**

Verrenkungen

allgemein
*Nr. 1 Calcium fluoratum, *Nr. 3 Ferrum phosphoricum, Nr. 5 Kalium phosphoricum, Nr. 8 Natrium chloratum, Nr. 9 Natrium phosphoricum, Nr. 11 Silicea

Zu Beginn der äußeren Versorgung sollten die Mineralstoffe als Brei aufgelegt werden, später als Cremegel.

geschwollen
*Nr. 4 Kalium chloratum, Nr. 8 Natrium chloratum, Nr. 10 Natrium sulfuricum
Die Mineralstoffkombination ist in der Anwendung als Cremegel bes. zu empfehlen.

Schmerzen
*Nr. 3 Ferrum phosphoricum, Nr. 5 Kalium phosphoricum, Nr. 8 Natrium chloratum

Verstauchung – Distorsion

⇨ **Zerrung**

Verstopfung

⇨ **Stuhlverstopfung**

Vitiligo – Weißfleckenkrankheit

⇨ **Haut – Pigmentstörung**

Völlegefühl

⇨ **Pankreas**

Vorhaut

⇨ **Penis**

Wachstumsstörungen

Förderung des Wachstums
Nr. 21 Zincum chloratum

Störungen im Knochenwachstum – hauptsächlich bei Kindern

Tabelle 81: Einnahmeempfehlung bei Störungen im Knochenwachstum.

Mineralstoff		Stück/Tag
Nr. 1	Calcium fluoratum	5
Nr. 2	Calcium phosphoricum	7
Nr. 5	Kalium phosphoricum	10
Nr. 7	Magnesium phosphoricum	7
Nr. 8	Natrium chloratum	7
Nr. 11	Silicea	7
Nr. 15	Kalium jodatum	3–5
Nr. 22	Calcium carbonicum	10–20

Die Mineralstoffkombination ist in der Anwendung als Cremegel bes. zu empfehlen.

Längenwachstum vermehrt

Nr. 5 Kalium phosphoricum, Nr. 8 Natrium chloratum

Längenwachstum vermindert

Nr. 1 Calcium fluoratum, *Nr. 2 Calcium phosphoricum, Nr. 3 Ferrum phosphoricum, Nr. 5 Kalium phosphoricum, *Nr. 8 Natrium chloratum, Nr. 11 Silicea, Nr. 21 Zincum chloratum, Nr. 22 Calcium carbonicum

Schmerzen in den Gelenken – Wachstumsfuge

*Nr. 2 Calcium phosphoricum, Nr. 3 Ferrum phosphoricum, Nr. 5 Kalium phosphoricum, Nr. 22 Calcium carbonicum

Die Mineralstoffkombination ist in der Anwendung als Cremegel bes. zu empfehlen.

Wadenkrampf

allgemein

Tabelle 82: Einnahmeempfehlung bei Wadenkrampf.

Mineralstoff		Stück/Tag
Nr. 2	Calcium phosphoricum	30–50
Nr. 5	Kalium phosphoricum	10–20
Nr. 6	Kalium sulfuricum	10
Nr. 7	Magnesium phosphoricum	3–5 x „heiße 7“
Nr. 8	Natrium chloratum	10
Nr. 19	Cuprum arsenicosum	7

Die Mineralstoffkombination ist in der Anwendung als Cremegel bes. zu empfehlen.

Warzen

innerlich und äußerlich

Nr. 4 Kalium chloratum, Nr. 10 Natrium sulfuricum

Die oben angeführten Mineralstoffe sind auch als Salbenkombination empfehlenswert.

warzenähnliche Verhärtungen der Haut

*Nr. 1 Calcium fluoratum, Nr. 5 Kalium phosphoricum, Nr. 8 Natrium chloratum

Die Mineralstoffkombination ist in der Anwendung als Cremegel bes. zu empfehlen.

Wasser

Ansammlung in den Beinen

Nr. 10 Natrium sulfuricum

geschwollene Finger

Nr. 10 Natrium sulfuricum

Wechseljahre – Menopause

allgemein
Nr. 7 Magnesium phosphoricum, Nr. 15 Kalium jodatum

eingefallene Haut
Nr. 1 Calcium fluoratum, Nr. 5 Kalium phosphoricum, Nr. 6 Kalium sulfuricum, Nr. 8 Natrium chloratum, *Nr. 11 Silicea
Die Mineralstoffkombination ist in der Anwendung als Cremegel bes. zu empfehlen.

Hitzewallungen nach dem Kopf
Nr. 3 Ferrum phosphoricum, Nr. 7 Magnesium phosphoricum

⇨ **Osteoporose**

Schweißausbruch
Nr. 2 Calcium phosphoricum, Nr. 8 Natrium chloratum, Nr. 15 Kalium jodatum

spröde Haare ⇨ **Haare**

trockene Scheide
Nr. 4 Kalium chloratum, Nr. 6 Kalium sulfuricum, *Nr. 8 Natrium chloratum, Nr. 10 Natrium sulfuricum
Die Mineralstoffkombination ist in der Anwendung als Cremegel bes. zu empfehlen.

Unruhe, Ruhelosigkeit
Nr. 2 Calcium phosphoricum, *Nr. 7 Magnesium phosphoricum, Nr. 15 Kalium jodatum

Wehen

⇨ **Geburt**

Weißfleckenkrankheit – Vitiligo

⇨ **Haut – Pigmentstörung**

Winde

⇨ **Blähungen**

Windelausschlag – Windeldermatitis

Tabelle 83: Einnahmeempfehlung bei Windelausschlag.

Mineralstoff		Stück/Tag
Nr. 3	Ferrum phosphoricum	7
Nr. 4	Kalium chloratum	10
Nr. 6	Kalium sulfuricum	7
Nr. 9	Natrium phosphoricum	20–30

Die Mineralstoffkombination ist in der Anwendung als Cremegel bes. zu empfehlen.

Windpocken – falsche Pocken – Varicellen

bei hoher Temperatur
Nr. 5 Kalium phosphoricum

Schafblattern, Feuchtblattern, Spitzblattern – im Anfang der Krankheit
Nr. 2 Calcium phosphoricum, *Nr. 3 Ferrum phosphoricum, Nr. 4 Kalium chloratum, Nr. 6 Kalium sulfuricum
Die Mineralstoffkombination ist in der Anwendung als Salbe oder Cremegel bes. zu empfehlen

zur Genesung
Nr. 2 Calcium phosphoricum, Nr. 6 Kalium sulfuricum

Wirbelsäule

⇨ **Rücken**

Wucherungen

⇨ **Polypen**

Wunden

bei Eiterungen, wenn die Verletzung vernachlässigt wird
Nr. 9 Natrium phosphoricum, Nr. 11 Silicea, Nr. 12 Calcium sulfuricum

bei frischen Verletzungen, Stoß, Quetschungen – sofort als erste Hilfe
Nr. 3 Ferrum phosphoricum

Blutung
Nr. 3 Ferrum phosphoricum

wenn die Haut aufgeschürft ist

Tabelle 84: Einnahmeempfehlung bei Schürfwunden.

Mineralstoff		Stück/Tag
Nr. 1	Calcium fluoratum	7
Nr. 3	Ferrum phosphoricum	20–30
Nr. 5	Kalium phosphoricum	10–15
Nr. 6	Kalium sulfuricum	10
Nr. 8	Natrium chloratum	10
Nr. 11	Silicea	10

Die Mineralstoffkombination ist in der Anwendung vorerst als Brei, später als Salbe oder Cremegel bes. zu empfehlen.

wenn die Haut gereizt bzw. rot ist
*Nr. 3 Ferrum phosphoricum, Nr. 6 Kalium sulfuricum

Wundheilung
Nr. 1 Calcium fluoratum, *Nr. 3 Ferrum phosphoricum, Nr. 5 Kalium phosphoricum, Nr. 8 Natrium chloratum, Nr. 11 Silicea
Die Mineralstoffkombination ist in der Anwendung als Cremegel bes. zu empfehlen.

Wundliegen

bei Kranken
Nr. 1 Calcium fluoratum, *Nr. 3 Ferrum phosphoricum, *Nr. 5 Kalium phosphoricum, Nr. 8 Natrium chloratum, Nr. 11 Silicea
Die Mineralstoffkombination ist in der Anwendung als Cremegel bes. zu empfehlen.

von Säuglingen ⇨ **Windelausschlag**

Zähne

Fistel
Nr. 1 Calcium fluoratum, *Nr. 9 Natrium phosphoricum, Nr. 11 Silicea, Nr. 12 Calcium sulfuricum

Karies
Nr. 1 Calcium fluoratum, Nr. 2 Calcium phosphoricum, Nr. 22 Calcium carbonicum

wenn die Zähne hohl werden, für das Zahnbein
Nr. 2 Calcium phosphoricum

wenn sie ohne Schmerzen locker sind
Nr. 1 Calcium fluoratum

Zähneknirschen

im Schlaf
*Nr. 2 Calcium phosphoricum, Nr. 7 Magnesium phosphoricum

vor allem der Kinder
*Nr. 2 Calcium phosphoricum, Nr. 5 Kalium phosphoricum, Nr. 7 Magnesium phosphoricum, Nr. 8 Natrium chloratum, Nr. 11 Silicea

Zahnen

bei Kleinkindern
Nr. 1 Calcium fluoratum, Nr. 3 Ferrum phosphoricum, Nr. 5 Kalium phosphoricum, Nr. 8 Natrium chloratum
Die Mineralstoffe aufgelöst mit Hilfe des Fingers auf die betroffene Stelle geben.

verbunden mit Fieber
Nr. 3 Ferrum phosphoricum

Zahnfleisch

entzündet – Gingivitis
Nr. 3 Ferrum phosphoricum

Schwund – Parodontose
Nr. 3 Ferrum phosphoricum, *Nr. 5 Kalium phosphoricum, Nr. 8 Natrium chloratum

wenn das Zahnfleisch blutet
Nr. 5 Kalium phosphoricum

wenn es geschwollen ist
Nr. 4 Kalium chloratum, Nr. 12 Calcium sulfuricum

Zahnschmerzen

allgemein

Nr. 3 Ferrum phosphoricum, Nr. 17 Manganum sulfuricum

empfindliche Zähne – bei Kälte oder Hitze, obwohl das Zahnfleisch in Ordnung ist

Nr. 3 Ferrum phosphoricum, Nr. 5 Kalium phosphoricum, *Nr. 7 Magnesium phosphoricum, *Nr. 8 Natrium chloratum

lockere Zähne

Nr. 1 Calcium fluoratum

schießende, reißende Schmerzen in Intervallen

Nr. 7 Magnesium phosphoricum

verbunden mit einem üblen Mundgeruch

Nr. 5 Kalium phosphoricum

verbunden mit Speichel- und Tränenfluss

Nr. 8 Natrium chloratum

wenn der Zahn auf leiseste Berührung schmerzhaft reagiert

Nr. 1 Calcium fluoratum, Nr. 11 Silicea

wenn die Backe geschwollen ist

Nr. 4 Kalium chloratum, Nr. 11 Silicea, Nr. 12 Calcium sulfuricum

wenn die Temperatur lokal oder insgesamt erhöht ist

Nr. 3 Ferrum phosphoricum

Zahnspitzen

durchsichtig, wie Glas

Nr. 1 Calcium fluoratum, Nr. 2 Calcium phosphoricum, Nr. 22 Calcium carbonicum

Zehen

Krämpfe in den Zehen

*Nr. 2 Calcium phosphoricum, Nr. 7 Magnesium phosphoricum

Die Mineralstoffkombination ist in der Anwendung als Cremegel bes. zu empfehlen (leichte Massage).

wenn die Nägel brüchig sind und abbröckeln

Nr. 11 Silicea

wenn die Zehennägel einwachsen

Nr. 1 Calcium fluoratum

Zeitverschiebung bei Fernflügen – Beschwerden

⇨ **Jetlag**

Zellulitis – Cellulite

Orangenhaut

Nr. 1 Calcium fluoratum, *Nr. 2 Calcium phosphoricum, *Nr. 9 Natrium phosphoricum, Nr. 11 Silicea, Nr. 12 Calcium sulfuricum, Nr. 23 Natrium bicarbonicum

Zerrung

Verdrehung, Verzerrung

Tabelle 85: Einnahmeempfehlung bei Zerrung.

Mineralstoff		Stück/Tag
Nr. 1	Calcium fluoratum	20
Nr. 2	Calcium phosphoricum	10
Nr. 3	Ferrum phosphoricum	30–50
Nr. 5	Kalium phosphoricum	10–20

Fortsetzung Tabelle 85:

Mineralstoff		Stück/Tag
Nr. 8	Natrium chloratum	10–20
Nr. 11	Silicea	10–20

Zu Beginn der äußeren Versorgung sollten die Mineralstoffe als Brei aufgelegt werden, später als Salbe, Gel oder Cremegel. Es empfiehlt sich, je nach der Größe des Gelenkes, einen Brei aus den angeführten Mineralstoffen aufzulegen: Je 40 Stück von Nr. 3, 5 und 8 und je 10 Stück von Nr. 1 und 11. Zerrungen sind meistens von einem Bluterguss begleitet, welcher von der Nr. 11 „aufgesaugt" wird.
Dieselbe Mineralstoffmischung eignet sich auch gut für Prellungen.

Zunge

bei trockener Zunge
Nr. 8 Natrium chloratum

Brennen an der Zungenspitze
Nr. 8 Natrium chloratum, Nr. 10 Natrium sulfuricum

brennende, schmerzende Bläschen auf der Zunge, Geschmacksverlust
Nr. 8 Natrium chloratum

zerklüftete, rissige, borkige Zunge, Landkartenzunge
*Nr. 1 Calcium fluoratum, Nr. 4 Kalium chloratum, Nr. 8 Natrium chloratum

Zungenbelag

bei feuchter Zunge ein goldgelber Belag
Nr. 9 Natrium phosphoricum

bräunlich gelb – schleimig
Nr. 6 Kalium sulfuricum

grünlich gelb – schmutzig
Nr. 10 Natrium sulfuricum

weiß oder weißgrau, jedoch nicht schleimig – eine weiße Zunge
Nr. 4 Kalium chloratum

wenn an den Rändern der Zunge sich Speichelbläschen zeigen
Nr. 8 Natrium chloratum

wie mit flüssigem Senf bestrichen, verbunden mit üblem Mundgeruch
Nr. 5 Kalium phosphoricum

Zwischenblutungen

⇨ **Menstruation**

Zwölffingerdarmgeschwür

⇨ **Magen – Magengeschwür**

Über die Autoren

Thomas Feichtinger

Mineralstoffe nach Dr. Schüßler: Einzelberatung, Vorträge, Seminare, Ausbildung
Energiefeld des Menschen: Einzelberatung, Vorträge, Seminare
Persönlichkeitsbildung: Krisenintervention, Einzelberatung, Supervision, Seminare

Brucker Bundesstraße 25a
A-5700 Zell am See
Tel. 00 43/(0)6 64/2 56 32 95
E-mail: thomas.f@sbg.at

Thomas Feichtinger wurde 1946 in Salzburg geboren und lebt in Zell am See. Er war Lehrer und wurde wegen einer schweren Krankheit, die 1983 erstmals auftrat, 1990 frühpensioniert. Nach jahrelanger Auseinandersetzung mit der Krankheit und ihrer Bewältigung, unter anderem mit Hilfe der Mineralstoffe nach Dr. Schüßler, kann Thomas Feichtinger heute wieder arbeiten. Neben Lehrgängen in der Mineralstofflehre nach Dr. Schüßler, und der damit eng verknüpften Antlitzanalyse nach Kurt Hickethier absolvierte er eine Ausbildung in Gestalttherapie und ließ sich zum Lebensberater in Existenzanalyse und Logotherapie nach Viktor Frankl ausbilden. Heute arbeitet er in der Erwachsenenbildung und in der Einzelberatung: Umfangreiche Vortrags- und Seminartätigkeit im In- und Ausland, Ausbildungslehrgänge in der Biochemie nach Dr. Schüßler und Antlitzanalyse. Er ist Vorsitzender der Gesellschaft für Biochemie nach Dr. Schüßler und Antlitzanalyse.

Mag. pharm. Susana Niedan-Feichtinger

Mineralstoffe nach Dr. Schüßler: Einzelberatung, Vorträge, Seminare, spezielle Einführung für Apotheker
Im Rahmen der Apotheke: Arzneimittelberatung, Homöopathie, Blütenessenzen nach Dr. Bach, Hausapotheke, Naturheilweisen

Brucker Bundesstraße 29
A-5700 Zell am See
Tel. 0043/(0)6542/57382
www.schuessler-mineralstoffe.at
adler-apotheke@schuessler-mineralstoffe.at

Susana Niedan-Feichtinger wurde 1953 in Buenos Aires geboren. Von 1971 bis 1976 absolvierte sie ein Studium der Pharmazie an der Universität Wien und ist heute Inhaberin der Adler Apotheke und der Adler Pharma® in Zell am See. Da eines ihrer Kinder an Neurodermitis erkrankte, begann sie, sich intensiv und mit Erfolg mit Naturheilkunde auseinander zu setzen. Insbesondere arbeitet sie mit Blütenessenzen nach Dr. Bach, Homöopathie und Naturheilweisen. Durch die Entwicklung von speziellen Cremegele, Gele und Salben, mit der die Mineralstoffe nach Dr. Schüßler äußerlich angewendet werden, verlieh sie dieser Heilweise ein neues und modernes Ansehen. Für viele überzeugend ist die gänzlich neu entwickelte biochemische Körperpflegelinie, in der ausschließlich Mineralstoffe nach Dr. Schüßler angewendet werden.
Ihr Ziel ist es, die Heilweise im medizinischen Bereich als eigenständige Heilweise zu etablieren und im Apothekenbereich in Beratung und Verkauf zu verankern.

Vorträge, Seminare, Ausbildung, Auskünfte:

Gesellschaft für Biochemie nach Dr. Schüßler und Antlitzanalyse
Die Gesellschaft hat es sich zur Aufgabe gemacht, die von Dr. Schüßler begründete Mineralstofflehre zu pflegen, das Wissen darüber zu verbreiten und die von Kurt Hickethier gegründete Antlitzanalyse weiterzuentwickeln und zu fördern.

Brucker Bundesstraße 31
A-5700 Zell am See
Tel. 00 43/(0)6 64/2 56 32 95
E-mail: gba@sbg.at

Literatur

Von den Autoren sind im Karl F. Haug Verlag noch zahlreiche weitere Bücher zum Thema Schüßler-Salze erschienen:

Fachbücher:

- Antlitzanalyse in der Biochemie nach Dr. Schüßler. Der Bildatlas. ISBN 3-8304-7151-3
- Handbuch der Biochemie nach Dr. Schüßler. Grundlagen, Materia medica, Repertorium. (Feichtinger/Mandl/Niedan). ISBN 3-8304-7103-3

Sachbücher

- Gesund abnehmen mit Schüßler-Salzen ISBN 3-8304-2069-2
- Gesund durchs Jahr mit Schüßler-Salzen ISBN 3-8304-2064-1
- Schüßler-Salze für Frauen. ISBN 3-8304-2043-9
- Schüßler-Salze für Ihr Kind. ISBN 3-8304-2046-3
- Schüßler-Salze kurz und bündig. ISBN 3-8304-2054-4

Stichwortverzeichnis

0303

~~€ 29,95~~

€ 9,95